计算机辅助设计与制造系列

AutoCAD 机械设计基础与实例应用

李腾训　魏　峥　主编

王兰美　主审

清华大学出版社

北　京

内 容 简 介

本书注重实践、强调实用，介绍了机械制图和 AutoCAD 的基础知识，二维绘图中主视图、俯视图和左视图的绘制方法和技巧。通过在机械设计中有关的典型范例，介绍了 AutoCAD 在机械产品设计中的零件绘制思路、操作步骤和技巧点评，最后进行知识总结并提供大量习题以供实战练习。

本书配套资料中根据章节制作了有关的视频教程，与本书相辅相成、互为补充，能够最大限度地帮助读者快速掌握本书内容。

本书适合机械设计和生产企业的工程师阅读，也可以作为 AutoCAD 培训机构的培训教材、AutoCAD 爱好者自学教材以及大中专院校相关专业学生学习 AutoCAD 的教材。

图书在版编目(CIP)数据

AutoCAD 机械设计基础与实例应用/李腾训，魏峥主编；王兰美主审. —北京：清华大学出版社，2010.4
(2021.12重印)
(计算机辅助设计与制造系列)
ISBN 978-7-302-22237-8

Ⅰ.①A… Ⅱ.①李… ②魏… ③王… Ⅲ.①机械制图：计算机制图—应用软件，AutoCAD 2009—专业学校—教材 Ⅳ.①TH126

中国版本图书馆 CIP 数据核字(2010)第 038374 号

责任编辑：黄　飞
装帧设计：杨玉兰
责任校对：王　晖
责任印制：沈　露
出版发行：清华大学出版社
　　　　　网　　　址：http://www.tup.com.cn, http://www.wqbook.com
　　　　　地　　　址：北京清华大学学研大厦 A 座　　　　邮　　编：100084
　　　　　社 总 机：010-62770175　　　　邮　　购：010-62786544
　　　　　投稿与读者服务：010-62776969, c-service@tup.tsinghua.edu.cn
　　　　　质量反馈：010-62772015, zhiliang@tup.tsinghua.edu.cn
印 装 者：三河市科茂嘉荣印务有限公司
经　　销：全国新华书店
开　　本：185mm×260mm　　印　张：18.25　　字　数：435 千字
版　　次：2010 年 4 月第 1 版　　印　次：2021 年 12 月第 9 次印刷
定　　价：45.00 元

产品编号：036878-03

前　言

　　AutoCAD 是 AutoDesk 公司开发的通用 CAD 计算机辅助设计软件包，随着计算机技术的飞速发展，AutoCAD 软件迅速普及，已成为广大工程技术人员的必备工具。

　　本书详细介绍了 AutoCAD 的基本图形绘制方法、三视图绘制方法、零件和装配工程图绘制方法等内容，并注重实际应用和技巧训练相结合。各章主要内容如下。

　　第 1 章 AutoCAD 基础知识。内容包括：启动 AutoCAD、图形显示控制、坐标系——利用绝对坐标画线、坐标系——利用相对坐标画线、坐标系——利用相对极对坐标画线、直接输入距离数值画线、极轴追踪模式画线、利用对象捕捉精确画线和利用对象捕捉追踪模式画线。

　　第 2 章 AutoCAD 基本绘图。内容包括：绘制圆和椭圆、绘制矩形和正多边形、运用平行关系、运用垂直关系、运用相切关系。

　　第 3 章 AutoCAD 编辑图形。内容包括：绘制均匀几何特征——矩形阵列、绘制均匀几何特征——圆形阵列、绘制对称几何特征、倒角和圆角、移动对象、复制对象、旋转对象、拉伸对象、比例缩放对象和打断对象。

　　第 4 章 AutoCAD 基本绘图设置。内容包括：设置单位和图幅、设置图层、设置文字样式、设置标注样式、尺寸标注、形位公差标注的方法、定义块和块属性、建立样本和绘制标题栏。

　　第 5 章 AutoCAD 绘制机械图形基础。内容包括：绘制叠加式组合体三视图、绘制切割式组合体三视图、绘制截交线、绘制相贯线和绘制正等轴测图。

　　第 6 章 AutoCAD 绘制常用机械图形。内容包括：绘制轴套类零件、绘制盘类零件、绘制齿轮类零件、绘制叉类零件、绘制箱体类零件、绘制标准件和绘制装配图。

　　第 7 章 AutoCAD 查询与图形输出。内容包括：查询、模型空间输出、图纸空间输出、局部放大图绘制。

　　第 8 章 考试指导。内容为理论考试指导和上机考试指导。

　　本书各章后面的习题不仅能起到巩固所学知识和实战演练的作用，而且对深入学习 AutoCAD 有引导和启发作用，读者可参考本书提供的答案对自己做出测评。为方便用户学习，本书提供了大量实例的素材和操作视频。在写作过程中，充分吸取了作者教授 AutoCAD 课程的经验，同时，与 AutoCAD 爱好者进行了良好的交流，充分了解他们在应用 AutoCAD 过程中急需掌握的知识，做到理论和实践相结合。

　　本书由李腾训、魏峥主编，王兰美主审，参加本书编写的人员还有段尊敬、时建、段彩云、姚俊红、闫永江、范家柱、田海晏等。由于作者水平有限，本书虽经再三审阅，但仍有可能存在不足和错误，恳请各位专家和朋友批评指正。技术支持电话：13853359434，电子邮箱：zibo1999@163.com。

编　者

附:

全国信息化应用能力考试是由工业和信息化部人才交流中心主办,以信息技术在各行业、各岗位的广泛应用为基础,面向社会,检验应试人员信息技术应用知识与能力的全国性水平考试体系。作为全国信息化应用能力考试工业技术类指定参考用书,《AutoCAD机械设计基础与实例应用》从完整的考试体系出发来编写,同时配备相关考试大纲、课件及练习系统。通过对本书的系统学习,可以申请参加全国信息化应用能力考试相应科目的考试,考试合格者可获得由工业和信息化部人才交流中心颁发的《全国信息化工程师岗位技能证书》。该证书永久有效,是社会从业人员胜任相关工作岗位的能力证明。证书持有人可通过官方网站查询真伪。

全国信息化应用能力考试官方网站:www.ncie.gov.cn。

项目咨询电话:010-88252032   传真:010-88254205。

目　　录

第 1 章　AutoCAD 基础知识

CAD(Computer Aided Design)的含义是计算机辅助设计，是计算机技术的一个重要的应用领域。目前 CAD 技术已经成功应用于飞机设计、船舶设计、建筑设计、机械设计和大规模集成电路设计等领域；在国内主要应用于机械设计、建筑设计、土木工程计算、电子设计和轻工设计等领域。

1.1　启动 AutoCAD

1.1.1　案例介绍及知识要点

下面通过绘制一幅简单的图形(如图 1.1 所示)，帮助学生感性地了解 AutoCAD 2008 的绘图环境。

图 1.1　简单的图形

知识点：

● 掌握启动 AutoCAD 的方法。
● 掌握用户界面。
● 掌握文件操作的方法。

1.1.2　操作步骤

1. *启动 AutoCAD*

选择【开始】|【程序】| AutoDesk | AutoCAD 2008-Simple Chinese | AutoCAD2008 命令，启动 AutoCAD 软件。

2. *开始绘图*

(1) 选择【文件】|【新建】命令，出现【选择样板】对话框，在模板列表框中选择"acad.dwt"，如图 1.2 所示，单击【打开】按钮。

图 1.2 【选择样板】对话框

(2) 系统打开绘图界面，默认的界面如图 1.3 所示。

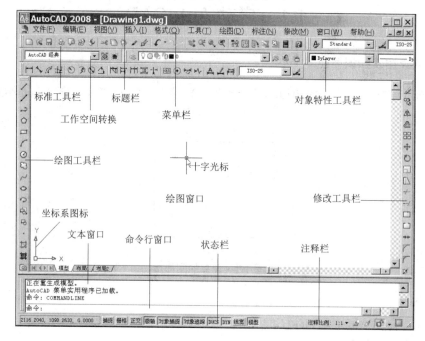

图 1.3 默认的界面

3. 绘制简单图形——直线

直线是一幅图形最基本的元素。使用 AutoCAD 的 line 命令，可以在任意两点之间画一条直线。

单击【绘图】工具栏上的【直线】按钮![按钮]，在绘图窗口中分别单击鼠标，给定 4 点，绘制直线，按 C 键后再按 Enter 键，闭合图形，如图 1.4 所示。

命令行窗口提示如下：

```
命令: _line 指定第一点: (移动光标，并按左键确定第一点)
指定下一点或 [放弃(U)]: (移动光标，并按左键确定第二点)
指定下一点或 [放弃(U)]: (移动光标，并按左键确定第三点)
指定下一点或 [闭合(C)/放弃(U)]: (移动光标，并按左键确定第四点)
指定下一点或 [闭合(C)/放弃(U)]: C
```

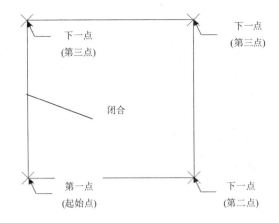

图 1.4   用 line 命令绘制直线

4. 保存

单击【标准】工具栏上的【保存】按钮，出现【图形另存为】对话框，如图 1.5 所示，在【保存于】下拉列表框中选择 E:\AutoCAD\1\Study 文件夹，在【文件名】文本框中输入"First_Draw"，单击【保存】按钮，绘制完成第一幅 AutoCAD 图形。

图 1.5   【图形另存为】对话框

1.1.3   知识总结——用户界面

AutoCAD 2008 版本有三个工作空间，分别为：二维草图与注释、三维建模和 AutoCAD 经典。在这里以 AutoCAD 经典初始界面为基本界面来进行介绍，其主要由标题栏、菜单栏、工具栏、状态栏、绘图窗口以及文本窗口等几部分组成，如图 1.3 所示。

1.1.4   知识总结——直线命令

单击【绘图】工具栏上的【直线】按钮，开始绘制直线，"直线"是各种绘图中最常用、最简单的一类图形对象，只要指定了起点和终点即可绘制一条直线。使用 line 命令可以绘制一系列的首尾相接的直线段。line 命令是可以自动重复的连续命令。

每一条直线均为各自独立的对象，其对象类型为"直线"。

绘制直线要用两个点来确定，第一个点称为"起点"，第二个点称为"端点"。可以在绘图区使用十字光标选择点，也可以用输入坐标值的方式在绘图区内或绘图区外定义点。

可以用二维坐标(x，y)或三维坐标(x，y，z)来指定端点，也可以混合使用二维坐标和三维坐标。如果输入二维坐标，AutoCAD 会用当前的高度作为 Z 轴坐标值，默认值为 0。

> 提示：闭合(C)：如果绘制三条以上的线段，图形是可以闭合的，绘制最后一条线段后输入字母 "C"，就可以封闭绘制的图形。
>
> 放弃(U)：如果在执行直线命令的时候，其中一条直线的端点输入错误，可以在键盘上输入字母 "U"，取消上一步的错误输入，也可以连续取消前面的操作。

1.1.5 知识总结——文件操作

1. 新建文件

单击【标准】工具栏上的【新建】按钮🔲，出现【选择样板】对话框，在模板列表框中选定样板，如图 1.2 所示，单击【打开】按钮，绘制新图。

2. 保存文件

单击【标准】工具栏上的【保存】按钮🔲，出现【图形另存为】对话框，如图 1.5 所示，在【保存于】下拉列表框中选择保存文件夹，在【文件名】文本框中输入图形文件名，单击【保存】按钮，AutoCAD 图形绘制完成。

3. 打开文件

单击【标准】工具栏上的【打开】按钮🔲，出现【选择文件】对话框，在对话框中输入文件名，或在下拉列表框中选择文件，然后单击【打开】按钮，即可打开图形文件，如图 1.6 所示。

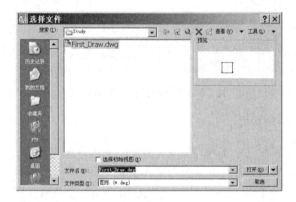

图 1.6 【选择文件】对话框

1.2 图形显示控制

对于一个较为复杂的图形来说，在观察整幅图形时往往无法对其局部细节进行查看和操作，而当在屏幕上显示一个细节时又看不到其他部分，为解决这类问题，AutoCAD 提供了缩放、平移、视图、鸟瞰视图和视口命令等一系列图形显示控制命令。

1.2.1 图形的缩放

利用视图的缩放功能,可以在绘图窗口显示要观察的全部或部分图形,使操作更清楚方便。

1. 实时缩放

单击【标准】工具栏上的【实时缩放】按钮,鼠标指针变为形状,按住鼠标左键向上拖动鼠标,图形放大;向下拖动鼠标,图形变小;根据鼠标放置的位置不同,放大或缩小的范围不同。当图形变为合适大小后,按 Esc 键、Enter 键或单击鼠标右键,就可完成实时缩放。

提示:若向上滚动鼠标滚轮,则放大图形;反之则缩小图形。注意光标位置为放大或缩小的中心。

2. 窗口缩放

单击【标准】工具栏上的【窗口缩放】按钮,用鼠标指针在要放大的范围画出一个矩形,则矩形区域内的图形将完全显示在绘图窗口,完成窗口缩放。

3. 全部缩放

单击【标准】工具栏上的【缩放全部】按钮,将显示全部图形。

提示:在命令行输入 zoom 或 Z 命令后按 Enter 键。

4. 恢复上一视图

单击【标准】工具栏上的【缩放上一个】按钮,将回到原来的视图显示。此命令只是返回上一个显示方式,并不撤销前面的其他绘制等操作。

1.2.2 图形的平移

使用平移(pan)命令或窗口滚动条可以移动视图的位置。使用平移(pan)的“实时”选项,可以通过移动鼠标进行动态平移。平移(pan)命令不改变图形中对象的位置和放大比例,只改变视图在屏幕中显示的位置。

单击【标准】工具栏上的【平移】按钮,鼠标指针形状变为手形。在绘图窗口按住鼠标左键移动鼠标,则图形随指针一同移动,松开左键,平移就停止;将光标移动到图形的其他位置,然后再按左键,继续平移图形。

任何时候要停止平移,可以按 Enter 键或 Esc 键,回到显示的视图,完成图形的平移。

提示:若按住鼠标中键,也可以执行平移(pan)命令。

1.2.3 图形的重画和重生成

在执行编辑操作过程中,会在绘图窗口留下一些加号形状的标记(称为点标记)和杂散像素,可以使用重画命令删除这些标记。

对于一些圆弧，放大后会出现一些显示偏差，可能会变成多边形，这时可以使用重生成命令在当前视口中重生成整个图形并重新计算所有对象的屏幕坐标，从而优化显示对象的性能。

在命令行输入 regen 或者 regenall，按 Enter 键或空格键完成重画或者重生成。

1.2.4 鸟瞰视图

在大型图形中，使用鸟瞰视图可以在显示全部图形的窗口中快速平移和缩放，相当于游戏中的地图。

在命令行输入 dsviewer 或 av 命令后按 Enter 键或空格键，显示鸟瞰视图的窗口如图 1.7 所示。

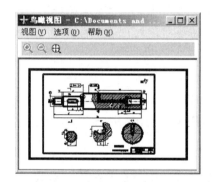

图 1.7 打开的鸟瞰视图

该窗口中黑(白)色的粗线框称为视图框，表示当前屏幕所显示的范围。在鸟瞰视图图形区单击鼠标左键后，窗口中会出现一个可以移动的、中间带有"×"标记的细线框，移动鼠标后，图形会在绘图窗口中偏移，如图 1.8 所示。

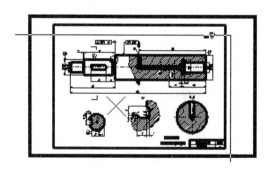

图 1.8 鸟瞰视图显示位置

在鸟瞰视图窗口中再次单击鼠标左键，鼠标矩形框的右边显示一个箭头"→"标记，此时向右移动鼠标，矩形框变大，向左移动鼠标，矩形框变小，从而实现了图形的缩放，如图 1.9 所示。

继续在鸟瞰视图窗口单击鼠标左键，移动鼠标，绘图窗口的图形也随着移动，显示的图形就是鸟瞰视图矩形框内的图形整屏显示。单击右键退出缩放。

可以在鸟瞰视图窗口单击鼠标左键，移动光标使视图框交替处于平移和缩放状态，从而可以调整图形和视图框的相对位置和大小，并可随时按下鼠标右键确定视图框的最终位置和大小。

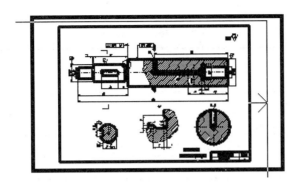

图 1.9 调整视图显示范围

1.3 坐标系——利用绝对坐标画线

1.3.1 案例介绍及知识要点

利用绝对坐标，绘制如图 1.10 所示的图形。

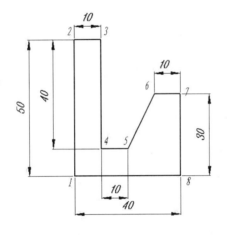

图 1.10 绝对直角坐标

知识点：

● 掌握坐标系的概念。

● 掌握绝对坐标定义。

1.3.2 操作步骤

1. 新建文件

新建文件"绝对坐标"。

2. 建立绝对坐标表格

各点的绝对坐标如表 1.1 所示。

表 1.1　绝对直角坐标

点	坐　标	点	坐　标
1	50,50	6	80,80
2	50,100	7	90,80
3	60,100	8	90,50
4	60,60	返回 1 点	C
5	70,60		

3. 运用绝对坐标绘制图形

执行直线(line)命令。命令提示序列如下:

```
命令: _line 指定第一点: 50,50
指定下一点或 [放弃(U)]: 50,100
指定下一点或 [放弃(U)]: 60,100
指定下一点或 [闭合(C)/放弃(U)]: 60,60
指定下一点或 [闭合(C)/放弃(U)]: 70,60
指定下一点或 [闭合(C)/放弃(U)]: 80,80
指定下一点或 [闭合(C)/放弃(U)]: 90,80
指定下一点或 [闭合(C)/放弃(U)]: 90,50
指定下一点或 [闭合(C)/放弃(U)]:C
命令: ZOOM
指定窗口的角点, 输入比例因子 (nX 或 nXP), 或者
[全部(A)/中心(C)/动态(D)/范围(E)/上一个(P)/比例(S)/窗口(W)/对象(O)] <实时>: A
```

1.3.3　知识总结——坐标系

世界坐标系(WCS)是 AutoCAD 2008 的基本坐标系, 位移从原点(0,0)开始计算, 沿着 X 轴和 Y 轴的正方向位移为正向, 反之为负; 若在三维空间工作还有 Z 轴, 则原点坐标为 (0,0,0)。

AutoCAD 可使用如下几种坐标系来确定 XY 平面中的点:

绝对坐标系、相对坐标系、极坐标系和直接输入距离数值。

1.3.4　知识总结——绝对直角坐标

绝对直角坐标值是点相对于原点(0,0)的距离。已知坐标值后, 则输入: X 数值,Y 数值。

在 AutoCAD 中, 绝对坐标系用以逗号相隔的 X 坐标和 Y 坐标来确定。

例如, 在绘制二维直线的过程中, 点的位置直角坐标为(100, 80), 则输入 100, 80 后, 按 Enter 键或空格键确定点的位置, 如图 1.11 所示。

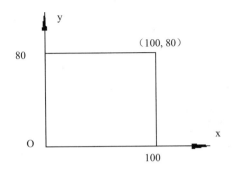

图 1.11 绝对坐标系的输入方式

1.4 坐标系——利用相对坐标画线

1.4.1 案例介绍及知识要点

利用相对坐标，绘制如图 1.12 所示的图形。

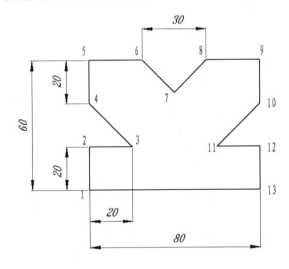

图 1.12 相对直角坐标

知识点：

掌握相对坐标的定义。

1.4.2 操作步骤

1. 新建文件

新建文件"相对坐标"。

2. 建立相对坐标表格

各点的相对坐标如表 1.2 所示。

表 1.2　相对直角坐标

点	坐 标	点	坐 标
1	50,50	8	@15,15
2	@0,20	9	@25,0
3	@20,0	10	@0,-20
4	@-20,20	11	@-20,-20
5	@0,20	12	@20, 0
6	@25,0	13	@0,-20
7	@15,-15	返回原点	C

3. 运用相对坐标绘制图形

执行直线(line)命令。命令提示序列如下：

```
命令: _line 指定第一点: 50,50
指定下一点或 [放弃(U)]: @0,20
指定下一点或 [放弃(U)]: @20,0
指定下一点或 [闭合(C)/放弃(U)]: @-20,20
指定下一点或 [闭合(C)/放弃(U)]: @0,20
指定下一点或 [闭合(C)/放弃(U)]: @25,0
指定下一点或 [闭合(C)/放弃(U)]: @15,-15
指定下一点或 [闭合(C)/放弃(U)]: @15,15
指定下一点或 [闭合(C)/放弃(U)]: @25,0
指定下一点或 [闭合(C)/放弃(U)]: @0,-20
指定下一点或 [闭合(C)/放弃(U)]: @-20,-20
指定下一点或 [闭合(C)/放弃(U)]: @20,0
指定下一点或 [闭合(C)/放弃(U)]: @0,-20
指定下一点或 [闭合(C)/放弃(U)]: c
命令: zoom
指定窗口的角点，输入比例因子 (nX 或 nXP)，或者
[全部(A)/中心(C)/动态(D)/范围(E)/上一个(P)/比例(S)/窗口(W)/对象(O)] <实时>: a
```

1.4.3　知识总结——相对直角坐标

相对坐标是指在已经确定一点的基础上，下一点相对于该点的坐标差值。

相对坐标有直角坐标和极坐标两种，在输入的坐标前面加上符号"@"，即可输入相对坐标。

提示：打开动态输入时，其输入方式为相对坐标，不需要加符号"@"。

例如，在绘制直线时，确定第一点位置为(120,100)后，命令行提示输入第二点位置。关闭动态输入，采用相对直角坐标方式，如图 1.13 所示，则输入 @60,50 后按 Enter 键或空格键，确定第二点位置；若打开动态输入，采用相对直角坐标方式，即输入 60,50 后按 Enter 键或空格键，确定第二点位置。

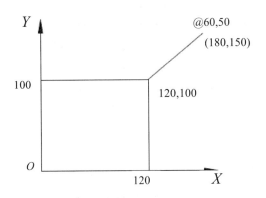

图 1.13 相对直角坐标

1.5 坐标系——利用相对极坐标画线

1.5.1 案例介绍及知识要点

利用相对极坐标绘制如图 1.14 所示的图形。

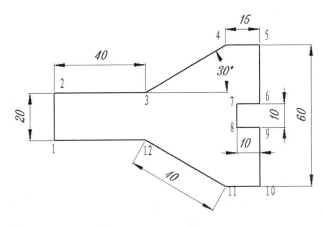

图 1.14 相对极坐标

知识点:

掌握相对极坐标的定义。

1.5.2 操作步骤

1. 新建文件

新建文件"相对极坐标"。

2. 建立相对极坐标表格

各点的极坐标如表 1.3 所示。

表 1.3 极坐标

点	坐 标	点	坐 标
1	50,50	8	@10<-90
2	@20<90	9	@10<0
3	@40<0	10	@25<-90
4	@40<30	11	@15<180
5	@15<0	12	@40<150
6	@25<-90	返回原点	C
7	@10<180		

3. 利用相对极坐标绘制图形

执行直线(line)命令。命令提示序列如下：

```
命令: _line 指定第一点: 50,50
指定下一点或 [放弃(U)]: @20<90
指定下一点或 [放弃(U)]: @40<0
指定下一点或 [闭合(C)/放弃(U)]: @40<30
指定下一点或 [闭合(C)/放弃(U)]: @15<0
指定下一点或 [闭合(C)/放弃(U)]: @25<-90
指定下一点或 [闭合(C)/放弃(U)]: @10<180
指定下一点或 [闭合(C)/放弃(U)]: @10<-90
指定下一点或 [闭合(C)/放弃(U)]: @10<0
指定下一点或 [闭合(C)/放弃(U)]: @25<-90
指定下一点或 [闭合(C)/放弃(U)]: @15<180
指定下一点或 [闭合(C)/放弃(U)]: @40<150
指定下一点或 [闭合(C)/放弃(U)]: c
命令: zoom
指定窗口的角点，输入比例因子 (nX 或 nXP)，或者
[全部(A)/中心(C)/动态(D)/范围(E)/上一个(P)/比例(S)/窗口(W)/对象(O)] <实时>: a
```

1.5.3 知识总结——极坐标

在绘制直线时，确定第一点的位置(120,100)后，命令行提示输入第二点的位置。关闭动态输入，若采用相对极坐标，如图 1.15 所示，在命令行输入 @60<45 后按 Enter 键或空格键，确定第二点的位置，此时 60 为此直线的长度，45 为此点和第一点的连线与 X 轴正方向的夹角。

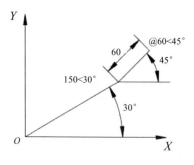

图 1.15 相对极坐标

1.6 直接输入距离数值画线

1.6.1 案例介绍及知识要点

用直接输入距离数值的方法，绘制如图 1.16 所示的图形。

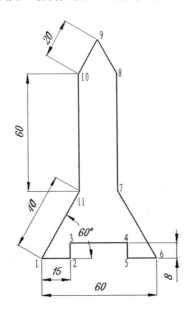

图 1.16 直接输入距离数值画线

知识点：

掌握利用动态输入的方法确定方位。

1.6.2 操作步骤

1. 新建文件

新建文件"直接输入距离数值画线"。

2. 直接输入距离数值画线

(1) 执行直线(line)命令，用鼠标在绘图区域指定一点，作为图形左下角的点，然后水平移动鼠标，单击 DYN 按钮，使其凹下，打开动态输入，如图 1.17 所示，用键盘输入距离数值 15 后按 Enter 键。

图 1.17 步骤 1

(2) 垂直向上移动鼠标，如图 1.18 所示，用键盘输入距离数值 8 后按 Enter 键。

图 1.18　步骤 2

(3) 水平向右移动鼠标，如图 1.19 所示，用键盘输入距离数值 30 后按 Enter 键。

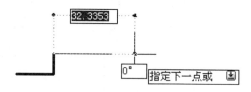

图 1.19　步骤 3

(4) 垂直向下移动鼠标，如图 1.20 所示，用键盘输入距离数值 8 后按 Enter 键。

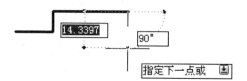

图 1.20　步骤 4

(5) 水平向右移动鼠标，如图 1.21 所示，用键盘输入距离数值 15 后按 Enter 键。

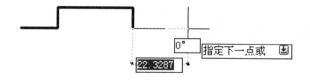

图 1.21　步骤 5

(6) 倾斜向上移动鼠标，如图 1.22 所示，用键盘输入距离数值 40 后按 Enter 键，注意角度为 120°。

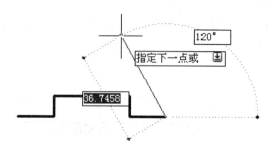

图 1.22　步骤 6

(7) 垂直向上移动鼠标，如图 1.23 所示，用键盘输入距离数值 60 后按 Enter 键。

(8) 倾斜向上移动鼠标，如图 1.24 所示，用键盘输入距离数值 20 后按 Enter 键。注意角度为 120°。

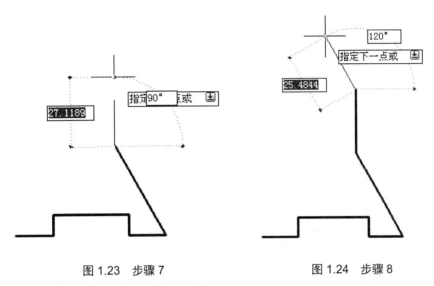

图 1.23 步骤 7　　　　　　　　　　图 1.24 步骤 8

(9) 倾斜向下移动鼠标，如图 1.25 所示，用键盘输入距离数值 20 后按 Enter 键，注意角度为 120°。

(10) 垂直向下移动鼠标，如图 1.26 所示，用键盘输入距离数值 60 后按 Enter 键。

(11) 用键盘输入字母"C"后按 Enter 键完成绘制，如图 1.27 所示。

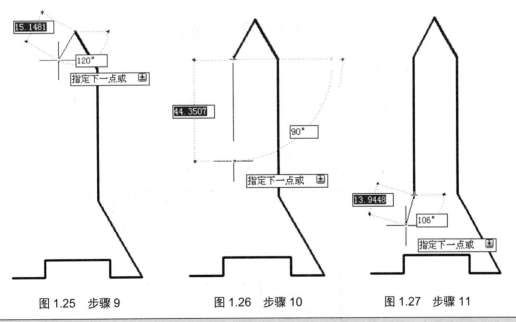

图 1.25 步骤 9　　　　　图 1.26 步骤 10　　　　　图 1.27 步骤 11

提示：在角度不能确定的情况下，可以在输入长度数据后，按 Tab 键后输入角度数据，最后按 Enter 键完成图线的绘制。

1.6.3 知识总结——利用直接输入距离数值画线

利用直接输入距离数值的方法，可以通过确定直线的长度与方向来绘制直线，如图 1.28 所示。其显示的距离和角度是 AutoCAD 提供的动态输入模式，在光标附近提供了一个命令界面，用户可以在绘图窗口直接观察下一步的提示信息和一些有关的数据；该信息随光标移动而动态更新。当某个命令被激活时，提示工具栏将为用户提供输入命令和数据的坐标值。

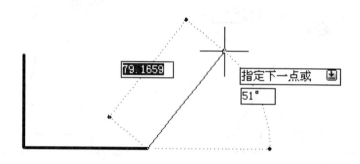

图 1.28 利用直接输入距离数值画线

动态输入打开和关闭的方法为：单击窗口下面状态栏中的 DYN 按钮，使其下凹即打开，再次单击凸起即关闭；或利用快捷键 F12，快速打开和关闭动态输入模式。

利用直接输入距离数值的方法，方向可由光标的位置确定，线的长度可由键盘输入。如果设置为正交选项，就可以在确定长度后，在正交方向上用光标定位，沿着 X 轴或 Y 轴绘制直线。

1.7 利用极轴追踪模式画线

1.7.1 案例介绍及知识要点

利用极轴追踪模式绘制如图 1.29 所示的图形。

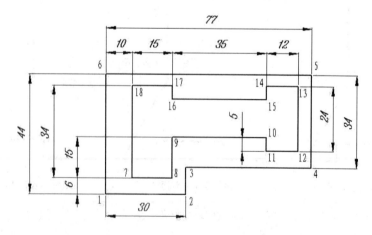

图 1.29 利用极轴追踪模式画线

知识点：

掌握使用极轴追踪模式画线的方法。

1.7.2 操作步骤

1. 新建文件

新建文件"极轴追踪模式画线"。

2. 直接输入距离数值画线

(1) 执行直线命令，先绘制外框，输入(100,100)确定第一点的位置，作为图形左下角的点，然后水平移动光标，打开极轴追踪，如图 1.30 所示，输入距离数值 30 后按 Enter 键。

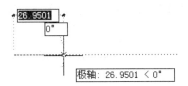

图 1.30　确定起点，绘制 30mm 水平线

(2) 垂直向上移动光标，如图 1.31 所示，输入距离数值 10 后按 Enter 键。

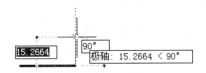

图 1.31　绘制 10mm 竖直线

(3) 水平向右移动光标，如图 1.32 所示，输入距离数值 47 后按 Enter 键。

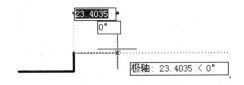

图 1.32　绘制 47mm 水平线

(4) 垂直向上移动光标，如图 1.33 所示，输入距离数值 34 后按 Enter 键。

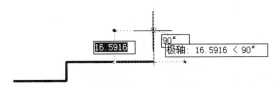

图 1.33　绘制 34mm 竖直线

(5) 水平向左移动光标，如图 1.34 所示，输入距离数值 77 后按 Enter 键。

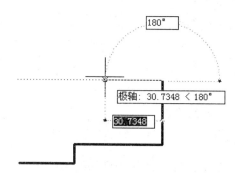

图 1.34　绘制 77mm 水平线

(6) 利用直线命令的【闭合】选项，在命令行输入字母 C，按 Enter 键完成外框的绘制，如图 1.35 所示。

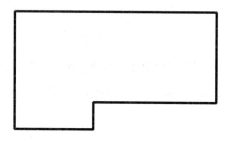

图 1.35　封闭外框

(7) 继续执行直线命令，输入(110,106)确定第一点的位置，然后水平移动光标，打开极轴追踪模式，如图 1.36 所示，输入距离数值 15 后按 Enter 键。

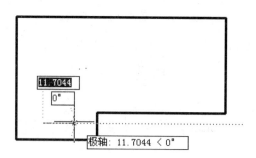

图 1.36　确定内框起点，绘制 15mm 水平线

(8) 按照上述步骤，分别在水平和竖直方向移动光标，依次输入各条线段的距离数值，完成图形的绘制。

1.7.3　知识总结——打开和关闭极轴追踪模式的方法

在绘图过程中，绘制斜线是比较麻烦的，特别是在指定角度和长度的条件下，利用极坐标输入也很慢，因此 AutoCAD 设置了极轴追踪的方式，以显示图线与水平方向的夹角。

当移动光标接近设置的增量角的倍数时，将显示对齐路径和工具栏提示，可以用直接输入距离数值法绘制斜线；若移开光标，则对齐路径和工具栏提示消失。

单击状态栏中的【极轴】按钮，使其凹下即打开，再次单击凸起则关闭。

1.7.4　知识总结——设置极轴追踪

(1) 右击状态栏中的【极轴】按钮，选择【设置】选项；出现【草图设置】对话框，在【极轴追踪】选项卡中选中【启用极轴追踪】复选框，如图 1.37 所示。

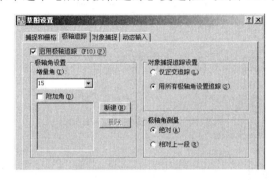

图 1.37　【草图设置】对话框中的【极轴追踪】选项卡

(2) 在【增量角】下拉列表框中设置显示极轴追踪对齐路径的极轴角增量，默认角度是 90°。可输入任何角度，也可以从下拉列表框中选择 90、45、30、22.5、18、15、10 或 5 中的一个常用角度，在光标移动到增量角的倍数数值的位置时，将显示极轴(一条虚点线)。

(3) 附加角：对于极轴追踪使用列表中增加的一种附加角度。

提示：附加角度是绝对的，而非增量的，有几个附加角，就显示几个极轴位置。

打开极轴追踪，则正交模式自动关闭，极轴追踪与正交模式只能二选一，不能同时使用。绘制直线时，确定第一点后，绘图窗口内显示样式(增量角为 15°)。用户可以移动光标，确定第二点的方向，即与 X 正方向的夹角，然后利用直接输入距离数值法，在命令行输入线段的长度，绘制图形。

1.8　利用对象捕捉精确画线

1.8.1　案例介绍及知识要点

利用对象捕捉精确画线，绘制如图 1.38 所示的图形。

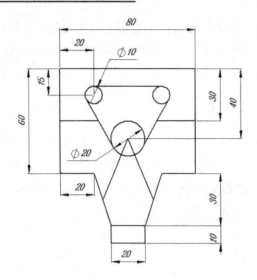

图 1.38　利用对象捕捉精确画线

知识点:

掌握对象捕捉精确画线。

1.8.2　操作步骤

1. 新建文件

新建文件"对象捕捉精确画线"。

2. 绘制外框

执行直线命令,在合适位置开始绘制外框,从 A 点开始按顺时针方向绘制,用直接输入距离数值法绘制,在绘制 C 点到 D 点直线时,输入(@-10, -30)相对坐标,同样绘制 E 点到 F 点直线时,输入(@-10, 30)相对坐标,如图 1.39 所示。继续执行直线命令,捕捉 D、E 端点,连接 DE 两点。

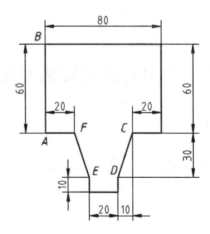

图 1.39　绘制外框

3. 绘制左上角和右上角的圆

执行圆命令,绘制左上角的圆,用【捕捉自】方式选择圆心,其 from 基点为 A 点,偏移为(@20,-15),如图 1.40(a)所示,半径为 5;同样绘制右上角的圆,其 from 基点为 B 点,偏移为(@-20,-15),如图 1.40(b)所示,半径为 5。

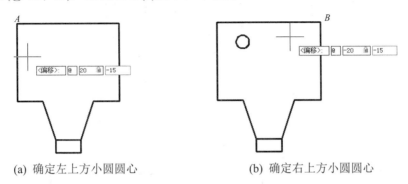

(a) 确定左上方小圆圆心　　　　　(b) 确定右上方小圆圆心

图 1.40　绘制 ϕ 10 圆

4. 绘制 ϕ 20 圆

利用自动捕捉模式选择中点,执行圆命令,利用对象捕捉追踪和极轴追踪,将光标放在最上面直线的中点,在显示中点标记三角形△时,竖直向下移动光标,在极轴线方向输入数据 40 确定圆心,输入半径数值为 10,如图 1.41 所示。

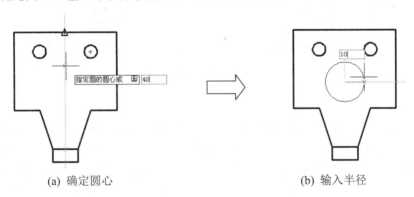

(a) 确定圆心　　　　　　　　　(b) 输入半径

图 1.41　绘制 ϕ 20 圆

5. 绘制切线

利用自动捕捉模式选择切点,执行直线命令,分别将光标放在 ϕ 10 圆的上方,在出现捕捉切点标记后单击,确定切点位置,如图 1.42 所示,完成切线绘制。以同样的方式绘制另外两条切线,注意捕捉切点光标位置要尽量靠近切点,即左侧切线要在圆的左侧捕捉切点,右侧切线要在圆的右侧捕捉切点。

6. 绘制中间线

执行直线命令,利用对象捕捉追踪和极轴追踪,将光标放在图形最左上点 A 处,在显示端点标记小正方形□时,竖直向下移动光标,输入数据 30 确定直线起点,如图 1.43(a)所示;水平向右移动光标,在与圆的左侧切线相交处,出现交点标记✕,单击确定终点,如图 1.43(b)所示。以同样方式绘制右侧中间直线。

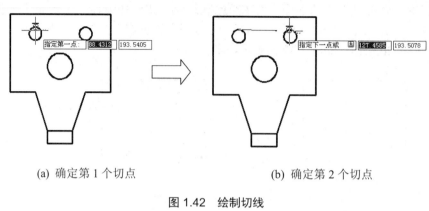

(a) 确定第 1 个切点　　　　　　　(b) 确定第 2 个切点

图 1.42　绘制切线

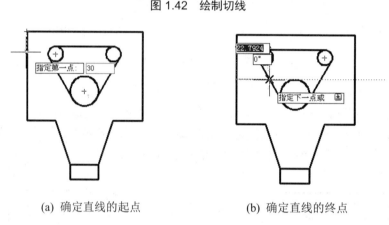

(a) 确定直线的起点　　　　　　　(b) 确定直线的终点

图 1.43　绘制中间直线

7. 绘制斜线

执行直线命令，利用自动对象捕捉模式，将光标放在 ϕ20 圆上，则在其圆心显示圆心标记，单击选定直线起点，如图 1.44(a)所示；将光标放在左侧斜线中间，在出现中点标记时单击，确定第二点，如图 1.44(b)所示；水平向右移动光标，在右侧斜线出现中点标记时，单击确定第三点，如图 1.44(c)所示；输入字母 C 后按 Enter 键完成直线的绘制；执行删除命令，将绘制的中点至中点的水平线删除，完成全图。

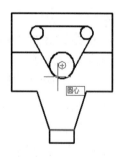 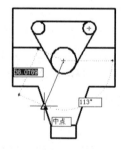 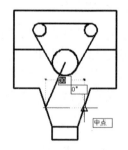

(a) 捕捉圆心作为起点　(b) 捕捉直线中点作为一个端点　(c) 捕捉直线中点作为另一个端点

图 1.44　绘制斜线

1.8.3　知识总结——执行临时替代捕捉的方式

对象捕捉是 AutoCAD 最有用的特性之一，可以提高绘图的效果与精度，且使绘图比常规的方法要简单得多。例如，若要在一条直线的中点放置一个点，也许不能精确地输入这个点的坐标，而使用中点对象捕捉模式则只需将光标指向该对象即可。可以看到一个标记自动显示在该中点上(捕捉点)，通过单击该标记即可指定点的位置。

在 AutoCAD 中，对象捕捉模式又可分为临时替代捕捉模式和自动捕捉模式。

执行临时替代捕捉的方式有两种。

- 按住 Shift 键或者 Ctrl 键，在绘图窗口右击，打开对象捕捉快捷菜单，选择对象捕捉方式。
- 单击【对象捕捉】工具栏上的【捕捉对象】按钮选择对象捕捉方式。

> **提示：**在提示输入点时执行临时替代对象捕捉后，对象捕捉只对指定的下一点有效。如果在没有要求输入点时，执行对象捕捉方式，命令行将显示错误信息。

1.8.4　知识总结——AutoCAD 可用的对象捕捉方式

AutoCAD 可用的对象捕捉方式有：【临时追踪点】⊶、【自】🗗、【端点】🖉、【中点】🖉、【交点】✕、【外观交点】✕、【延长线】⎯、【圆心】◎、【象限点】◈、【切点】◯、【垂足】⊥、【平行线】⫽、【插入点】🗗、【节点】◦、【最近点】🖉、【无捕捉】🗷和【对象捕捉设置】🗗。分别介绍如下。

- 【临时追踪点】⊶：在命令行提示指定点时，输入 tt 或者单击工具按钮，命令行出现提示"_tt 指定临时对象追踪点："，则单击图形上的一点，已获取的点将显示小加号(+)，移动光标(由对象捕捉追踪设置决定是正交追踪还是极轴追踪)将相对于该临时点显示自动追踪对齐路径，沿线的方向延伸得到交点，或直接输入数值，确定与追踪点沿着追踪路径方向的位移，临时追踪点的应用如图 1.45 所示。

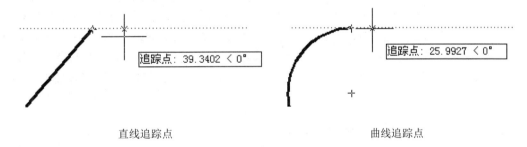

直线追踪点　　　　　　　　　　　　　曲线追踪点

图 1.45　临时追踪点

- 【自】🗗：在命令行提示指定点时，输入 from 或者单击工具按钮，命令行出现提示"_from 基点："，然后确定临时参照或基点，命令行继续提示"<偏移>："(可以指定自该基点的偏移以定位下一点)，输入自该基点的偏移坐标为相对坐标 @X,Y。
- 【端点】🖉：在命令行提示指定点时，可以使用该命令捕捉离光标最近图线的一个端点。该命令可以捕捉到圆弧、椭圆弧、直线、多线、多段线、样条曲线、面域和射线的端点，或捕捉到宽线、实体以及三维面域的角点。

- 【中点】 ✎：在命令行提示指定点时，可以使用该命令捕捉离光标最近图线的中点。该命令可以捕捉到圆弧、椭圆、椭圆弧、直线、多线、多段线、面域、实体、样条曲线或参照线的中点。

- 【交点】 ✕：在命令行提示指定点时，可以使用该命令捕捉离光标最近两图线的交点。该命令可以捕捉到圆弧、圆、椭圆、椭圆弧、直线、多线、多段线、射线、面域、样条曲线或参照线的交点，如图1.46所示。

图1.46　捕捉交点

- 【外观交点】 ✕：在命令行提示指定点时，可以使用该命令捕捉两个不相交图线的延伸交点。执行该命令后，分别单击这两条不相交的图线，则可以自动捕捉到延伸交点；也可以捕捉到虽不在同一平面但是可能看起来在当前视图中相交的两个对象的外观交点，如图1.47所示。

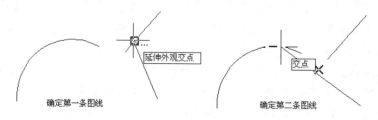

图1.47　捕捉外观交点

- 【延长线】 ▱：在命令行提示指定点时，可以使用该命令捕捉离光标最近图线的延伸点。当光标经过对象的端点时(不能单击)，端点将显示小加号 (+)，继续沿着线段或圆弧的方向移动光标，显示临时直线或圆弧的延长线，以便用户在临时直线或圆弧的延长线上指定点。如果光标滑过两个对象的端点后，在其端处出现小加号(+)移动光标到两对象延伸线的交点附近，可以捕捉延伸交点，如图1.48所示。

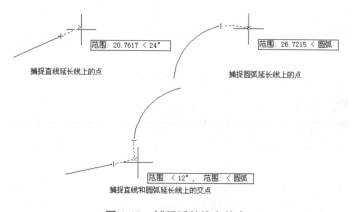

图1.48　捕捉延长线上的点

- 【圆心】◎：在命令行提示指定点时，可以使用该命令捕捉离光标最近曲线的圆心。该命令可以捕捉到圆弧、圆、椭圆或椭圆弧的圆心，还能捕捉到实体或者面域中圆弧的圆心。

- 【象限点】◈：在命令行提示指定点时，可以使用该命令捕捉离光标最近曲线的象限点。该命令可以捕捉到圆弧、圆、椭圆或椭圆弧的象限点。

- 【切点】○：在命令行提示指定点时，可以使用该命令捕捉离光标最近的图线切点。该命令可以捕捉到直线与曲线或曲线与曲线的切点。如果做两个圆的公切线，执行切点捕捉时，公切线的位置与选择切点的位置有关，如图 1.49 所示。

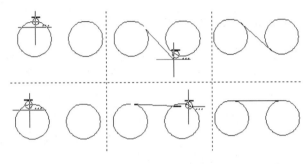

图 1.49　捕捉切点

- 【垂足】⊥：在命令行提示指定点时，可以使用该命令捕捉外面一点到指定图线的垂足。用直线、圆弧、圆、多段线、射线、参照线、多线或三维实体的边等作为绘制垂直线的基础对象，如图 1.50 所示。

圆弧垂足　　　　　直线垂足　　　　　直线延长线垂足

图 1.50　捕捉垂足

- 【平行线】∥：在命令行提示指定点时，可以使用该命令捕捉与已知直线平行的直线。指定矢量的第一个点后，执行捕捉平行线命令，然后将光标移动到另一个对象的直线段上(注意，不要单击)，该对象上会显示平行捕捉标记，然后移动光标到指定位置，屏幕上将显示一条与原直线平行的虚线对齐路径，用户在此虚线上选择一点单击或输入距离数值，即可获得第二个点，如图 1.51 所示。

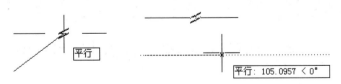

图 1.51　做直线平行线

- 【插入点】⊡：在命令行提示指定点时，可以使用该命令捕捉离光标最近的块、形或文字的插入点。

- 【节点】：在命令行提示指定点时，可以使用该命令捕捉离光标最近的点对象、标注定义点或标注文字起点。
- 【最近点】：在命令行提示指定点时，可以使用该命令捕捉离光标最近的圆弧、圆、椭圆、椭圆弧、直线、多线、点、多段线、射线、样条曲线或参照线等图线上的点。
- 【无捕捉】：暂时关闭所有对象捕捉模式，禁止对当前的选择执行对象捕捉。
- 【对象捕捉设置】：设置对象捕捉的模式。

1.8.5 知识总结——打开和关闭自动对象捕捉模式的方法

在绘图过程中，使用对象捕捉模式的频率非常高。为此，AutoCAD 又提供了一种自动对象捕捉模式。自动捕捉就是当把光标放在一个对象上时，系统自动捕捉到对象上所有符合条件的几何特征点，并显示相应的标记。如果把光标放在捕捉点上多停留一会，系统还会显示捕捉的提示。这样，在选点之前，就可以预览和确认捕捉点。

单击状态栏中的【对象捕捉】按钮，使其下凹即打开，再次单击凸起即关闭。

1.8.6 知识总结——设置自动对象捕捉

用户可以根据自己的需要设置对象捕捉模式。

右击状态栏中的【对象捕捉】按钮，选择【设置】选项，出现【草图设置】对话框，在【对象捕捉】选项卡中，选中【启用对象捕捉】复选框，然后选中需要自动捕捉的对象捕捉模式，如图 1.52 所示。

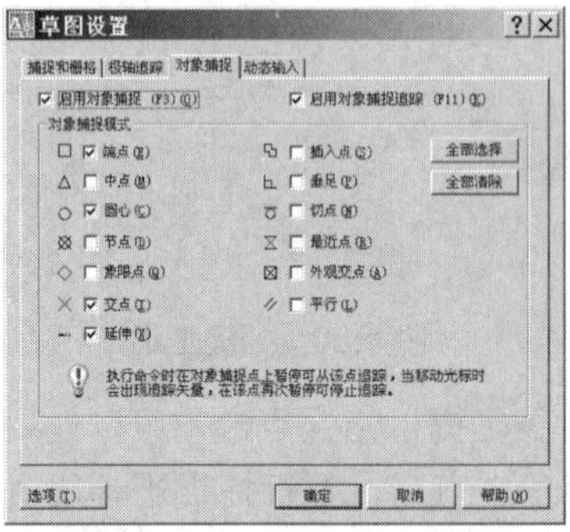

图 1.52 【草图设置】对话框中的【对象捕捉】选项卡

提示： 设置自动对象捕捉模式时，不能选中过多的对象捕捉模式，否则会因显示的捕捉点太多而降低绘图的操作性。

1.9 利用对象捕捉追踪模式画线

1.9.1 案例介绍及知识要点

利用对象捕捉追踪模式绘制如图 1.53 所示的图形。

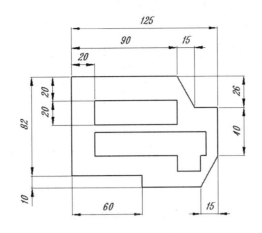

图 1.53 平面图形

知识点:

掌握用对象捕捉追踪模式画线的方法。

1.9.2 操作步骤

1. 新建文件

新建文件"利用对象捕捉追踪模式画线"。

2. 绘制外框

单击【绘图】工具栏上的【直线】按钮 ✐,在绘图窗口单击鼠标指定一点,根据图形给定尺寸,利用直接输入距离数值画线和相对坐标画线方式绘制外框,如图 1.54 所示。

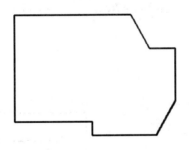

图 1.54 图形外框

3. 绘制框内部上面的矩形

(1) 单击【绘图】工具栏上的【直线】按钮 ✐,执行临时替代捕捉中【捕捉自】 ﹃ 方式,单击其 from 基点(A 点),如图 1.55(a)所示,输入偏移数据为(@20,-20),如图 1.55(b)所示,按 Enter 键后确定一点。

(2) 移动光标到 B 点,显示端点捕捉标记小正方形 ☐ 时,如图 1.56(a)所示,竖直向下移动光标,至如图 1.56(b)所示位置,单击鼠标后确定矩形右上角点。

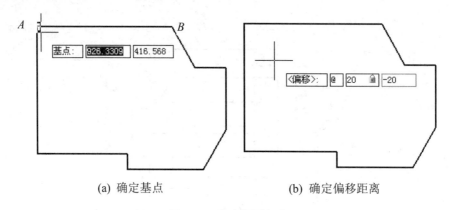

(a) 确定基点   (b) 确定偏移距离

图 1.55 确定矩形起点

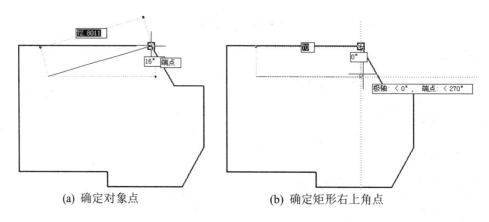

(a) 确定对象点   (b) 确定矩形右上角点

图 1.56 确定矩形右上角点

(3) 竖直向下移动光标，输入距离 20，如图 1.57(a)所示，按 Enter 键；同样按照确定右上角点的方式确定左下角点，如图 1.57(b)所示，输入字母 C 后，按 Enter 键完成矩形的绘制。

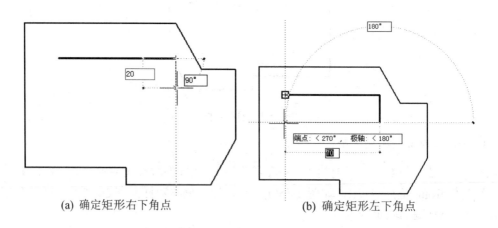

(a) 确定矩形右下角点   (b) 确定矩形左下角点

图 1.57 完成矩形的绘制

4．绘制框内部的下面图线

分析图形，将图 1.58 所示各点作为基准点，利用对象捕捉追踪模式绘制图形。

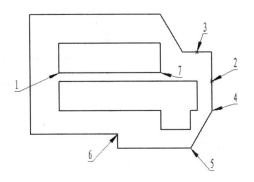

图 1.58　图形的基准点

(1) 单击【绘图】工具栏上的【直线】按钮 ⬚，利用对象捕捉追踪模式确定图形的左上角点，利用端点 1 和中点 2，如图 1.59(a)所示，单击鼠标确定此点；移动光标，如图 1.59(b)所示，利用中点 3 追踪和极轴交点，单击鼠标后确定点。

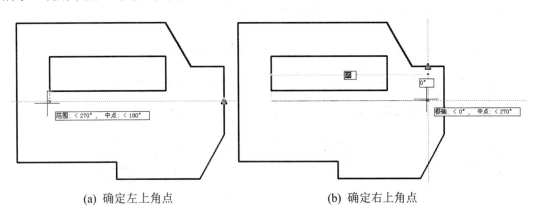

(a) 确定左上角点　　　　　　　　　　(b) 确定右上角点

图 1.59　绘制上水平线

(2) 向下移动光标，如图 1.60(a)所示，利用端点 4 追踪和极轴交点，单击鼠标后确定点；向左移动光标，如图 1.60(b)所示，利用端点 5 追踪和极轴交点，单击鼠标后确定一点。

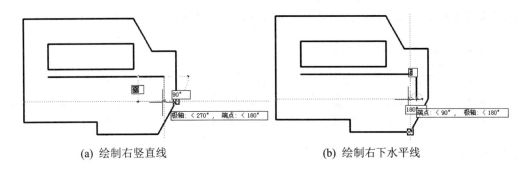

(a) 绘制右竖直线　　　　　　　　　　(b) 绘制右下水平线

图 1.60　绘制右侧两图线

(3) 竖直向下移动光标,如图 1.61(a)所示,利用端点 6 追踪和极轴交点,单击鼠标后确定点;向左移动光标,如图 1.61(b)所示,利用端点 7 追踪和极轴交点,单击鼠标后确定一点。

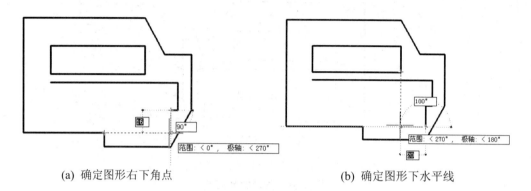

(a) 确定图形右下角点   (b) 确定图形下水平线

图 1.61 绘制右下两图线

(4) 向上移动光标,如图 1.62(a)所示,利用端点 4 追踪和极轴交点,单击鼠标后确定一点;向左移动光标,如图 1.62(b)所示,利用端点 1 追踪和极轴交点,单击鼠标后确定一点;输入字母 C 后,按 Enter 键后完成图形的绘制。

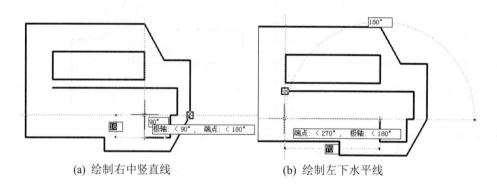

(a) 绘制右中竖直线   (b) 绘制左下水平线

图 1.62 绘制剩余图线

1.9.3 知识总结——打开和关闭对象追踪

使用自动追踪功能可以快速、精确地定位点,这在很大程度上提高了绘图效率。单击状态栏中的【对象追踪】按钮,使其下凹即打开,再次单击凸起即关闭。

1.9.4 知识总结——设置对象追踪

用户可以根据自己的需求设置自动追踪功能选项。

右击状态栏中的【对象追踪】按钮,选择【设置】选项,出现【草图设置】对话框,在【对象捕捉】选项卡中,选中【启用对象捕捉追踪】复选框,如图 1.52 所示。

1.9.5 知识总结——执行对象追踪示例 1

启用"端点"对象捕捉并执行绘制直线命令后,单击直线的起点 1 开始绘制直线,将光标移动到另一条圆弧的端点 2 处获取该点(不能单击)，然后沿着水平对齐路径移动光标，定位要绘制的直线的端点 3，也可以直接输入距离数值，确定要绘制直线的端点 3 离端点 2 的距离，如图 1.63 所示。

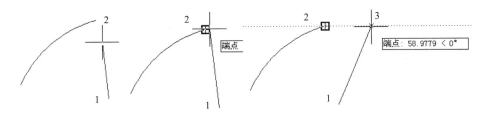

图 1.63　对象捕捉追踪

1.9.6　知识总结——执行对象追踪示例 2

启用"端点"和"圆心"自动对象捕捉，设置极轴角的增量角为 15°，执行绘制直线命令后，单击直线的起点 1 开始绘制直线，将光标移动到另一条圆弧的端点 2 处获取该点(不能单击)，继续移动鼠标，获取点 3、点 4，2、3、4 点处出现小加号 (+)，然后移动光标，利用某点的极轴交点确定点的位置(或利用两点的水平垂直交点获取点的位置)，如图 1.64 所示。

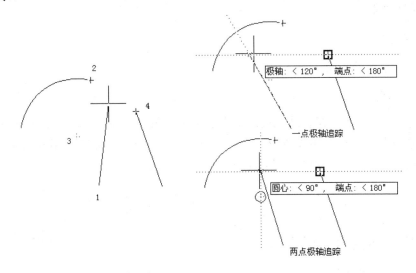

图 1.64　对象捕捉追踪和极轴追踪

1.10　实战练习

绘制如图 1.65 所示的平面图形。

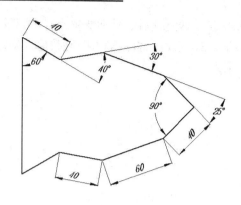

图 1.65　平面图形

1.10.1　绘图分析

根据平面图形确定用相对极轴追踪方式绘制图形。在【草图设置】对话框中的【极轴追踪】选项卡中，确定增量角的增量值为 5°，【极轴角测量】选项组中选择【相对上一段】单选按钮，此时极轴角开始以默认方向为 0°计算，后面每次都是以前一线段绘制方向为 0°计算，其他为默认。用直接输入距离数值法绘制图形，关闭动态输入。

1.10.2　操作步骤

1. 新建文件

新建文件"实战练习1"。

2.　画直线

(1) 执行直线命令，在合适位置，单击确定左下角点，移动光标，如图 1.66(a)所示，当极轴角为 30°时，输入距离值 40 后按 Enter 键；移动光标，如图 1.66(b)所示，当极轴角为 320°时，输入距离值 40 后按 Enter 键。

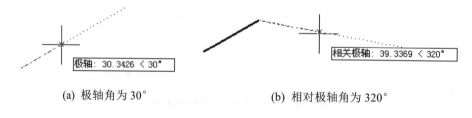

(a) 极轴角为 30°　　　　　　　(b) 相对极轴角为 320°

图 1.66　绘制两条长度为 40mm 的线段

(2) 继续移动光标，如图 1.67(a)所示，当极轴角为 30°时，输入距离值 60 后按 Enter 键；移动光标，如图 1.67(b)所示，当极轴角为 25°时，输入距离值 40 后按 Enter 键。

(3) 继续移动光标，如图 1.68(a)所示，当极轴角为 90°时，输入距离值 40 后按 Enter 键；移动光标，如图 1.68(b)所示，当极轴角为 25°时，输入距离值 60 后按 Enter 键。

(4) 继续移动光标，如图 1.69(a)所示，当极轴角为 30°时，输入距离值 40 后按 Enter 键；移动光标，如图 1.69(b)所示，当极轴角为 320°时，输入距离值 60 后按 Enter 键，输入 C 后按 Enter 键完成绘制。

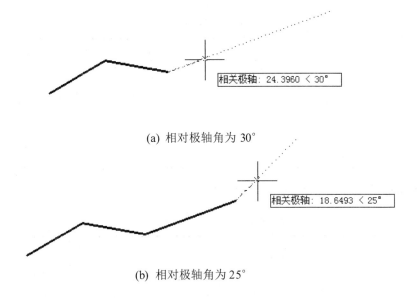

(a) 相对极轴角为 30°

(b) 相对极轴角为 25°

图 1.67　绘制两条长度分别为 60mm 和 40mm 的线段

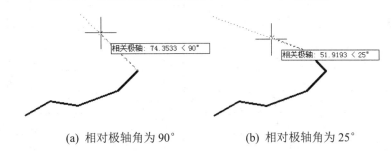

(a) 相对极轴角为 90°　　　　　　　　(b) 相对极轴角为 25°

图 1.68　绘制两条长度分别为 40mm 和 60mm 的线段(1)

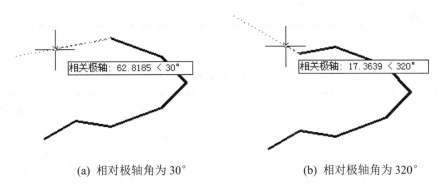

(a) 相对极轴角为 30°　　　　　　　　(b) 相对极轴角为 320°

图 1.69　绘制两条长度分别为 40mm 和 60mm 的线段(2)

1.11　上 机 练 习

1. 利用绝对坐标绘制图形，坐标如表 1.4 所示。

表 1.4 绝对直角坐标

点	坐　　标	点	坐　　标
1	50,50	6	60,70
2	50,90	7	70,60
3	100,90	8	100,60
4	100,80	9	100,50
5	70,80	1	50,50

2. 利用相对坐标绘制图形，坐标如表 1.5 所示。

表 1.5 相对直角坐标

点	坐　　标	点	坐　　标
1	50,50	13	@10,0
2	@50,0	14	@0,-5
3	@0,10	15	@10,0
4	@-10,0	16	@0,10
5	@0,-5	17	@-50,0
6	@-10,0	18	@0,-10
7	@0,5	19	@10,0
8	@-10,0	20	@-10,-10
9	@-10,10	21	@10,-10
10	@10,10	22	@-10,0
11	@10,0	1	@-10,0
12	@0,5		

3. 利用极坐标绘制图形，如图 1.6 所示。

表 1.6 相对直角坐标

点	坐　　标	点	坐　　标
1	50,50	6	@5<-90
2	@30<90	7	@25<0
3	@50<-10	8	@5<-90
4	@5<-90	9	@50<190
5	@25<-180		

4. 精确绘制下列图形(如图 1.70～图 1.74 所示)。

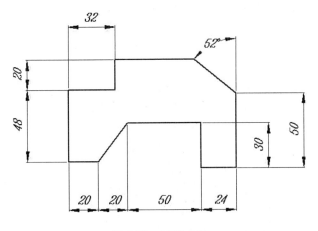

图 1.70　习题 1 图

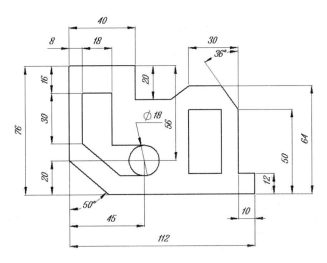

图 1.71　习题 2 图

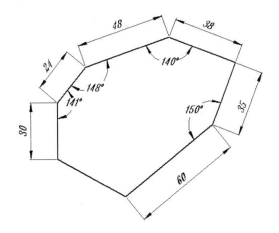

图 1.72　习题 3 图

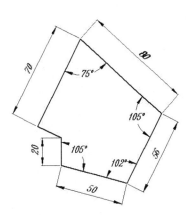

图 1.73　习题 4 图

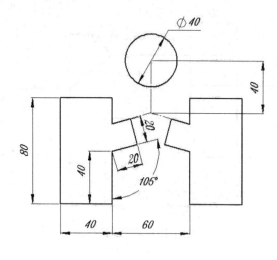

图 1.74　习题 5 图

第 2 章 AutoCAD 基本绘图

AutoCAD 的基本绘图包括绘制圆和椭圆、矩形和正多边形、直线和多段线。

2.1 绘制圆和椭圆

2.1.1 案例介绍及知识要点

绘制如图 2.1 所示的图形。

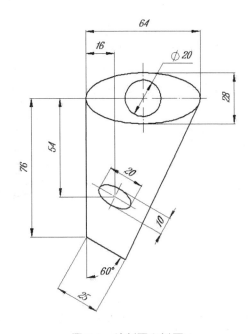

图 2.1 绘制圆和椭圆

知识点：

- 掌握圆的绘制方法。
- 掌握椭圆的绘制方法。

2.1.2 操作步骤

1. 新建文件

新建文件"绘制圆和椭圆"。

2．设置极轴追踪

极轴角设置为30°。

3．绘制圆和大椭圆

(1) 单击【绘图】工具栏上的【圆】按钮，在绘图窗口中的大致位置，单击鼠标指定一点，作为圆的圆心，如图 2.2(a)所示；然后用键盘输入数据 10 作为半径，如图 2.2(b)所示，按 Enter 键完成圆的绘制。

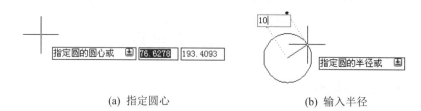

(a) 指定圆心　　　　　　　　(b) 输入半径

图 2.2　绘制圆

(2) 单击【绘图】工具栏上的【椭圆】按钮，利用对象捕捉模式捕捉圆的圆心，如图 2.3(a)所示，单击鼠标确定椭圆的中心点；移动光标在极轴为0°方向，用键盘输入数据 32 作为长轴半径，如图 2.3(b)所示，按 Enter 键确定长轴半径；继续输入数据 14 作为短轴半径，如图 2.3(c)所示，按 Enter 键确定短轴半径，完成椭圆绘制。

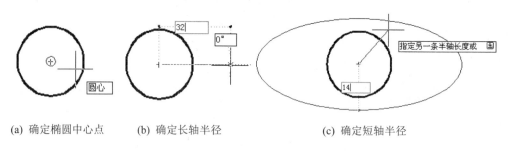

(a) 确定椭圆中心点　　(b) 确定长轴半径　　　　(c) 确定短轴半径

图 2.3　绘制椭圆

4．绘制直线

(1) 单击【绘图】工具栏上的【直线】按钮，在绘图窗口使用捕捉到象限点模式，将光标靠近椭圆的左侧，如图 2.4(a)所示，单击鼠标指定象限点，作为直线的起点；向下移动光标，在极轴270°(动态输入显示角度为90°)的方向，用键盘输入数据 76 作为直线长度，如图 2.4(b)所示，按 Enter 键完成左侧直线的绘制。

(2) 移动光标在极轴为330°(动态输入显示角度为30°)的方向，如图 2.5(a)所示，输入数据 25 作为线的长度，按 Enter 键确定此线段；移动光标捕捉椭圆的切点，如图 2.5(b)所示，单击鼠标完成直线的绘制，退出命令。

5．绘制小椭圆

(1) 单击【绘图】工具栏上的【椭圆】按钮，执行临时替代捕捉【捕捉自】，单击其 from 基点(A 点)，如图 2.6(a)所示，输入偏移数据为((@16,-54)，如图 2.6(b)所示，按 Enter 键后确定中心点。

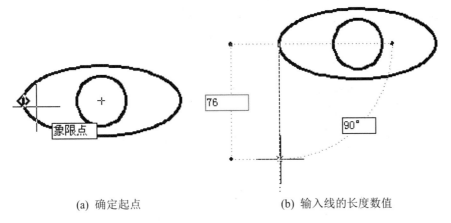

(a) 确定起点 (b) 输入线的长度数值

图 2.4 绘制左侧竖直线

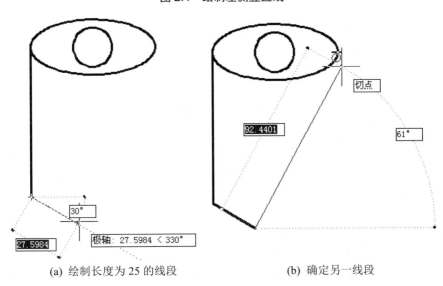

(a) 绘制长度为 25 的线段 (b) 确定另一线段

图 2.5 绘制其余直线

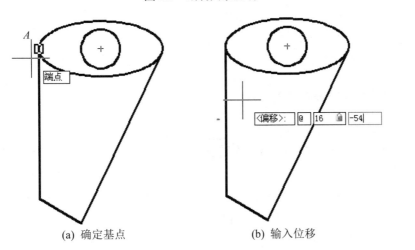

(a) 确定基点 (b) 输入位移

图 2.6 确定小椭圆中心点

(2) 移动光标在极轴为330°(动态输入显示角度为30°)的方向，如图2.7(a)所示，输入数据10作为长轴半径，按Enter键确定长轴半径；继续输入数据5，如图2.7(b)所示，按Enter键确定短轴半径，完成椭圆的绘制。

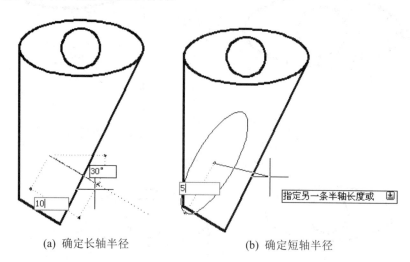

(a) 确定长轴半径   (b) 确定短轴半径

图2.7 绘制小椭圆

2.1.3 知识总结——绘制圆

圆是 AutoCAD 中的常见对象，单击【绘图】工具栏上的【圆】按钮⊙，在命令行出现如下提示信息。

命令：_circle 指定圆的圆心或 [三点(3P)/两点(2P)/相切、相切、半径(T)]：

其中各选项的功能如下。

- 指定圆的圆心：指定圆心点、输入半径值或者输入字母d并按Enter键后输入直径值。
- 三点(3P)：基于圆周上的三点绘制圆。
- 两点(2P)：基于圆直径上的两个端点绘制圆。
- 相切、相切、半径(T)：基于指定半径和两个相切对象绘制圆。

2.1.4 知识总结——绘制圆示例

如果已知圆的周长或者圆的面积，怎样绘制圆？方法如下。

(1) 单击绘制工具栏上的【圆】按钮⊙，在绘图窗口单击鼠标确定圆心的位置，然后按任意半径绘制一个圆。

(2) 双击绘制的圆，弹出【特性】选项板，可以在选项板中修改部分内容，如修改圆的半径、面积以及周长等，它们之间是相互关联的，修改面积数据，则自动计算周长和半径等，如图2.8所示将面积修改为1234前后的变化，可以看到周长、半径、直径的变化。

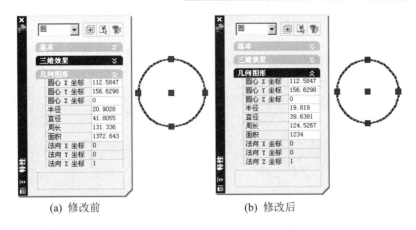

(a) 修改前	(b) 修改后

图 2.8 修改【特性】选项卡

2.1.5 知识总结——绘制椭圆

单击【绘图】工具栏上的【椭圆】按钮 ⬭，在命令行出现如下提示信息。

```
命令: _ellipse
指定椭圆的轴端点或 [圆弧(A)/中心点(C)]:
```

椭圆命令各选项的说明如下。

- 指定椭圆的轴端点：根据两个端点定义椭圆的第一条轴。第一条轴的角度确定了整个椭圆的角度。第一条轴既可定义为椭圆的长轴也可定义为短轴，第二条轴可由指定一个端点确定，也可以输入字母 r，用旋转角度确定。
- 圆弧(A)：绘制椭圆弧。
- 中心点(C)：用指定的中心点创建椭圆弧。先指定椭圆弧的中心点，再指定一条轴的端点，最后指定另一条半轴长度距离或输入字母 r，用旋转角度确定。

2.2 绘制矩形和正多边形

2.2.1 案例介绍及知识要点

绘制如图 2.9 所示的图形。

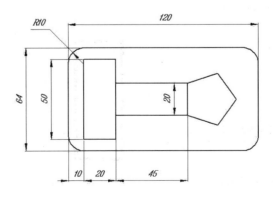

图 2.9 绘制矩形和正多边形

知识点:

● 掌握矩形的绘制方法。

● 掌握多边形的绘制方法。

2.2.2 操作步骤

1. 新建文件

新建文件"绘制矩形和正多边形",打开动态输入。

2. 绘制 20×50 矩形

单击【绘图】工具栏上的【矩形】按钮⬜,在绘图窗口合适位置单击鼠标指定一点,作为 20×50 矩形的左下角点,如图 2.10(a)所示;输入数据 20,50(动态输入为打开的),如图 2.10(b)所示,按 Enter 键完成矩形的绘制。

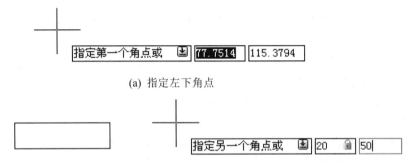

(a) 指定左下角点

(b) 相对坐标确定右上角点

图 2.10　绘制 20×50 矩形

3. 绘制中间二直线

(1) 单击【绘图】工具栏上的【直线】按钮✏,在绘图窗口使用捕捉到端点模式✏,将光标靠近 *A* 点自动捕捉矩形的右下角点,在出现端点标记⬜后垂直向上移动光标,如图 2.11(a)所示,输入数据 15 后按 Enter 键,确定直线的起点;水平向右移动光标,在极轴 0°(动态输入显示角度为 0°)的方向,输入数据 45 作为直线的长度,如图 2.11(b)所示,按 Enter 键完成下面直线的绘制。

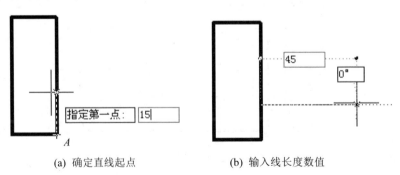

(a) 确定直线起点　　　　　　(b) 输入线长度数值

图 2.11　绘制下面的直线

(2) 单击【绘图】工具栏上的【直线】按钮 ，在绘图窗口使用捕捉到端点模式 ，将光标靠近 *B* 点自动捕捉直线端点，在出现端点标记 后垂直向上移动光标，如图 2.12(a) 所示，输入数值 20 后按 Enter 键，确定直线的起点；水平向右移动光标，在极轴 0° (动态输入显示角度为 0°)的方向，输入数据 45 作为直线的长度，如图 2.12(b)所示，按 Enter 键完成下面直线的绘制。

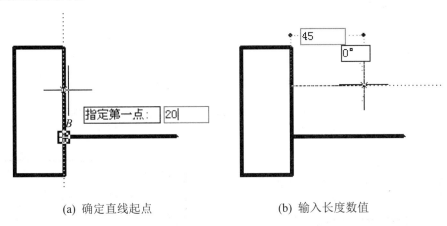

| (a) 确定直线起点 | (b) 输入长度数值 |

图 2.12　绘制上面的直线

4. 绘制五边形

单击【绘图】工具栏上的【多边形】按钮 ，输入边数的数值 5 后按 Enter 键，输入字母 E 后按 Enter 键，执行根据边长绘制正五边形的命令；移动光标捕捉上面直线的右端点，如图 2.13(a)所示，单击鼠标确定边的第一点；移动光标捕捉下面直线的右端点，如图 2.13(b)所示，单击鼠标确定边的第二点，完成五边形的绘制。

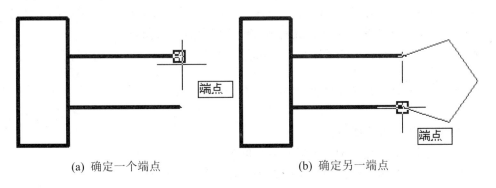

| (a) 确定一个端点 | (b) 确定另一端点 |

图 2.13　绘制五边形

5. 绘制外矩形

(1) 单击【绘图】工具栏上的【矩形】按钮 ，输入字母 F 后按 Enter 键，输入数值 10 后按 Enter 键确定半径，执行绘制圆角半径为 10mm 的矩形命令；执行临时替代捕捉模式 ，单击其 from 基点 *A* 点，如图 2.14(a)所示，输入偏移数据为(@-10,-7)，如图 2.14(b) 所示，按 Enter 键后确定矩形左下角点。

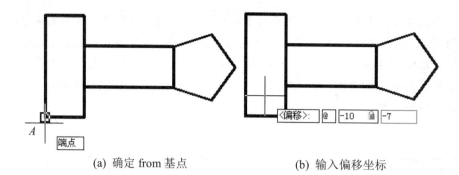

(a) 确定 from 基点   (b) 输入偏移坐标

图 2.14　确定外矩形的起点

(2)　继续输入数据(@120,64)，如图 2.15(a)所示；按 Enter 键后确定矩形右上角点，如图 2.15(b)所示，完成外矩形的绘制。

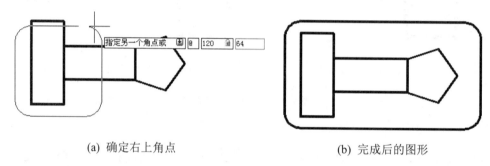

(a) 确定右上角点   (b) 完成后的图形

图 2.15　绘制外矩形

2.2.3　知识总结——绘制矩形

rectang 命令提供了创建矩形的有效方法，从而可以快速创建矩形。创建的矩形可以使用 explode(分解)命令将生成的多段线对象转换为多个直线对象。

单击【绘图】工具栏上的【矩形】按钮 ▢，在命令行出现如下提示信息。

```
命令: _rectang
指定第一个角点或 [倒角(C)/标高(E)/圆角(F)/厚度(T)/宽度(W)]:
指定另一个角点或 [面积(A)/尺寸(D)/旋转(R)]:
```

矩形命令的选项说明如下。

- 指定第一个角点：指定矩形的一个角点。
- 指定另一个角点：使用指定的点作为对角点创建矩形。
- 倒角(C)：设置矩形的倒角距离。输入字母 C 后命令行显示如下提示信息。

　　指定矩形的第一个倒角距离 <当前距离>：指定距离或按 Enter 键。
　　指定矩形的第二个倒角距离 <当前距离>：指定距离或按 Enter 键。

提示：执行 rectang 命令时，其倒角距离默认为上次矩形倒角距离。

- 圆角(F)：指定矩形的圆角半径。输入字母 F 后命令行显示如下提示信息。

　　指定矩形的圆角半径 <当前半径>：指定距离或按 Enter 键。

提示：执行 rectang 命令时，其圆角半径默认为上一次矩形圆角半径。

- 标高(E)/厚度(T)：用于三维绘图。
- 宽度(W)：为要绘制的矩形指定多段线的宽度。输入字母 W 后命令行显示如下提示信息。

  指定矩形的线宽 <当前线宽>：指定距离或按 Enter 键。

- 面积(A)：使用面积与长度或宽度创建矩形。如果"倒角"或"圆角"选项被激活，则区域将包括倒角或圆角在矩形角点上产生的效果。输入字母 A 后命令行显示如下提示信息。

  输入以当前单位计算的矩形面积 <100>：输入一个正值。
  计算矩形标注时依据 [长度(L)/宽度(W)] <长度>：输入 L 或 W 后按 Enter 键。
  输入矩形长度 <10>：输入一个非零值。
  或输入矩形宽度 <10>：输入非零值。

- 尺寸(D)：使用长和宽创建矩形。输入字母 D 后命令行显示如下提示信息。

  指定矩形的长度 <0.0000>：输入非零值。
  指定矩形的宽度 <0.0000>：输入非零值。

- 旋转(R)：按指定的旋转角度创建矩形。输入字母 R 后命令行显示如下提示信息。

  指定旋转角度或 [点(P)] <0>：通过输入值、指定点或输入 p 并指定两个点来指定角度。
  指定另一个角点或 [面积(A)/标注(D)/旋转(R)]：移动光标以显示矩形可能位于的四个位置之一，并在期望的位置单击。

2.2.4 知识总结——多边形命令的使用

创建多边形是绘制等边三角形、正方形、五边形、六边形等图形的简单方法，可创建具有 3～1024 个边的正多边形。

polygon 命令提供了创建规则多边形(例如等边三角形、正方形、五边形、六边形等)的有效方法，可以使用分解(explode)命令将生成的多段线对象转换为直线对象。

单击【绘图】工具栏上的【多边形】按钮 ⬠，在命令行出现如下提示信息。

命令：_polygon 输入边的数目 <4>：输入多边形的边数。
指定正多边形的中心点或 [边(E)]：指定中心点或输入选项。
输入选项 [内接于圆(I)/外切于圆(C)] <I>：确定选项。
指定圆的半径：指定圆的半径。

正多边形命令选项说明如下。

- 边(E)：通过指定第一条边的端点来定义正多边形，按照逆时针方向绘制。
- 内接于圆(I)：指定外接圆的半径，正多边形的所有顶点都在此圆周上。用鼠标指定圆周的半径，决定正多边形的旋转角度和尺寸。指定半径值点即为当前位置以绘制正多边形的底边端点。
- 外切于圆(C)：指定从正多边形中心点到各边中点的距离。用鼠标指定半径，决定正多边形的方向和尺寸。指定半径值点的位置即为当前位置以绘制正多边形的底边的中点。

2.3 运用平行关系绘图

2.3.1 案例介绍及知识要点

绘制如图 2.16 所示的图形。

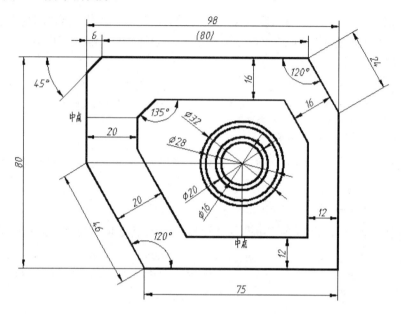

图 2.16 运用平行关系绘图

知识点：

● 掌握多段线的绘制方法。
● 掌握偏移、夹点命令的使用方法。

2.3.2 操作步骤

1. 新建文件

新建文件"运用平行关系"，打开动态输入，将极轴角设置为 15°。

2. 绘制图形的外框

(1) 单击【绘图】工具栏上的【多段线】按钮 ，在绘图窗口合适位置单击鼠标指定一点，作为起点，输入字母 W 后按 Enter 键，输入线宽数值 0.5 后按两次 Enter 键，然后利用极轴追踪、直接输入距离数值方法绘制上方的图线，如图 2.17(a)所示，按 Esc 键完成命令(注意先绘制斜线 24，然后绘制水平线 80)；连续按两次 Enter 键，自动执行多段线命令，且自动捕捉水平线 80 的左端点，输入数值(-6,-6)后按 Enter 键，如图 2.17(b)所示，按 Esc 键完成绘制。

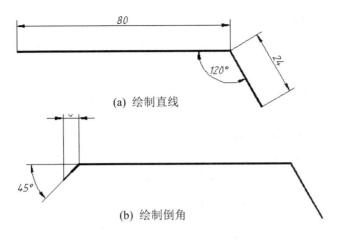

(a) 绘制直线

(b) 绘制倒角

图 2.17 绘制外框上方的图线

(2) 再次按 Enter 键执行多段线命令，执行捕捉临时追踪点模式 ，将光标移动到 45°斜线下端点，当出现端点标记时，竖直向下移动光标，输入数值 74 后按 Enter 键，确定临时追踪点，如图 2.18(a)所示；水平向左移动光标，输入数值 23 后按 Enter 键，作为左侧多段线的起点，如图 2.18(b)所示；然后利用极轴追踪、直接输入距离数值方法绘制左侧的图线，如图 2.18(c)所示，按 Esc 键完成绘制。

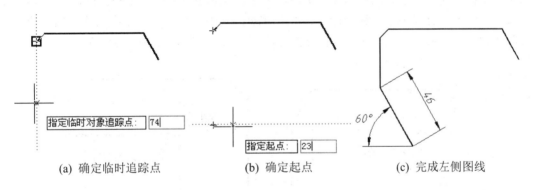

(a) 确定临时追踪点　　　　　(b) 确定起点　　　　　(c) 完成左侧图线

图 2.18 绘制外框左侧图线

(3) 再次按 Enter 键执行多段线命令，执行捕捉 46mm 斜线下端点模式 ，将光标水平移动，输入数值 75 后按 Enter 键，确定右下角点；向上移动光标，捕捉 24mm 斜线的下端点模式 ，单击鼠标，按 Esc 键完成绘制，如图 2.19 所示。

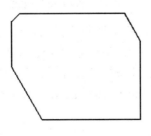

图 2.19 绘制外框

3. 绘制中间直线框

(1) 单击【修改】工具栏上的【偏移】按钮，输入数值 20 后按 Enter 键，确定偏移的距离，单击左侧多段线，然后在其右侧单击鼠标，出现如图 2.20(a)所示图形；连续按两次 Enter 键，输入数值 16 后按 Enter 键，确定偏移的距离，单击上方多段线，然后在其下方单击鼠标，出现如图 2.20(b)所示图形；连续按两次 Enter 键，输入数值 12 后按 Enter 键，确定偏移的距离，单击下方多段线，然后在其上方单击鼠标，出现如图 2.20(c)所示图形。

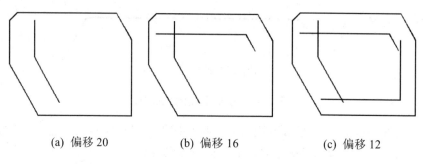

| (a) 偏移 20 | (b) 偏移 16 | (c) 偏移 12 |

图 2.20 偏移后内框

(2) 单击【绘图】工具栏上的【多段线】按钮，在绘图窗口捕捉左侧竖直线的中点，水平向右移动光标，在与偏移 20mm 多段线相交出现极轴交点时，单击鼠标，确定 45°线的起点，如图 2.21(a)所示；将光标向斜上方移动，出现 45°极轴，靠近偏移 12mm 的水平多段线时，持续极轴交点标记，如图 2.21(b)所示，单击鼠标完成斜线的绘制。

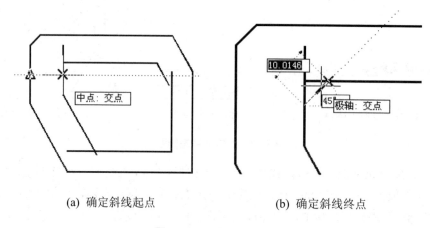

| (a) 确定斜线起点 | (b) 确定斜线终点 |

图 2.21 绘制 45°斜线

(3) 单击偏移后的上水平线，将出现蓝色夹点，再次单击左侧夹点则变为红色，此点将随着光标移动，光标靠近 45°斜线的端点，如图 2.22(a)所示，单击鼠标剪除多余图线；对于右侧没有相交的图线，也执行同样的操作，将变红的夹点利用极轴靠近右侧竖直线的极轴交点，如图 2.22(b)所示，此时动态显示的角度修改为 0°，单击鼠标延伸图线，完成图线的修改，图 2.22(c)所示。

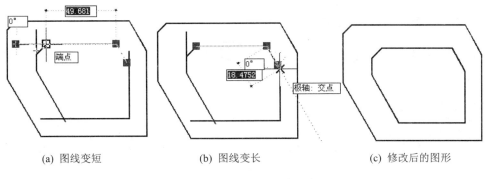

(a) 图线变短   (b) 图线变长   (c) 修改后的图形

图 2.22 绘制直线内框

4. 绘制圆

(1) 单击【绘图】工具栏上的【圆】按钮 ⊙,利用自动追踪方式捕捉圆心,如图 2.23(a) 所示,单击鼠标确定圆心;输入数值 8 作为半径,按 Enter 键后完成半径为 8 的圆,如图 2.23(b)所示。

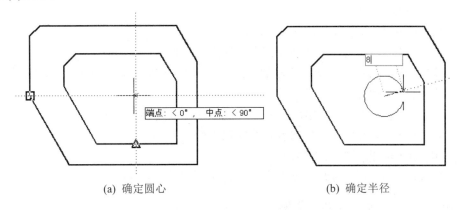

(a) 确定圆心   (b) 确定半径

图 2.23 绘制 ϕ16 的圆

(2) 单击 ϕ16 圆出现蓝色的夹点,再单击其象限点的夹点变为红色,输入字母 C 后按 Enter 键,输入半径 10 后按 Enter 键,如图 2.24(a)所示;再输入半径 14 后按 Enter 键,输入半径 16 后按 Enter 键,如图 2.24(b)所示;最后按 Esc 键完成圆的绘制。

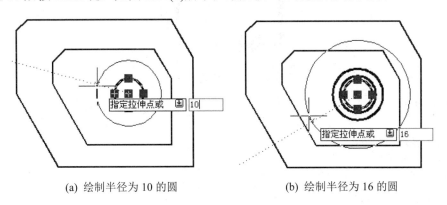

(a) 绘制半径为 10 的圆   (b) 绘制半径为 16 的圆

图 2.24 绘制其余圆

2.3.3 知识总结——绘制多段线

单击【绘图】工具栏上的【多段线】按钮，在命令行显示如下提示。

```
命令: _pline
指定起点:
```
根据需要指定一点，命令行将显示下面信息。
```
当前线宽为 0.0000。
指定下一个点或[圆弧(A)/半宽(H)/长度(L)/放弃(U)/宽度(W)]: 指定一点或输入选项。
指定下一点或[圆弧(A)/闭合(C)/半宽(H)/长度(L)/放弃(U)/宽度(W)]: 指定一点或输入选项。
```

其中选项的说明如下。

- 指定下一个点：绘制一条直线段。命令行将显示前一个提示。
- 圆弧(A)：将弧线段添加到多段线中。输入字母 A 后，命令行显示如下。

```
指定圆弧的端点或[角度(A)/圆心(CE)/闭合(CL)/方向(D)/半宽(H)/直线(L)/半径(R)/第二个点(S)/放
弃(U)/宽度(W)]: 输入点或输入选项。
```

- 半宽(H)：指定从宽多段线线段的中心到其一边的宽度。输入字母 H 后按 Enter 键，要分别输入图线宽度一半的值。
- 长度(L)：输入字母 L 后按 Enter 键，再输入线段长度值。
- 放弃(U)：删除最近一次添加到多段线上的线段。
- 宽度(W)：指定下一条直线段的宽度。输入字母 W 后按 Enter 键，要分别输入图线起讫点宽度值。

如果圆弧(A)选项被选中，出现的命令行提示的部分选项说明如下。

- 角度(A)：指定弧线段从起点开始的包含角。
- 闭合(CL)：用弧线段将多段线闭合。
- 直线(L)：退出"圆弧"选项并返回 pline 命令的初始提示。

2.3.4 知识总结——应用多段线实例

绘制如图 2.25 所示的图形。

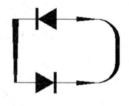

图 2.25 绘制的图形

操作步骤如下。

```
命令: _pline
指定起点:指定一起点
当前线宽为 0.0000
指定下一个点或 [圆弧(A)/半宽(H)/长度(L)/放弃(U)/宽度(W)]: 10
指定下一点或 [圆弧(A)/闭合(C)/半宽(H)/长度(L)/放弃(U)/宽度(W)]: w
指定起点宽度 <0.0000>: 10
指定端点宽度 <10.0000>: 0
指定下一点或 [圆弧(A)/闭合(C)/半宽(H)/长度(L)/放弃(U)/宽度(W)]: 9
```

指定下一点或 [圆弧(A)/闭合(C)/半宽(H)/长度(L)/放弃(U)/宽度(W)]: w
指定起点宽度 <0.0000>: 10
指定端点宽度 <10.0000>: 10
指定下一点或 [圆弧(A)/闭合(C)/半宽(H)/长度(L)/放弃(U)/宽度(W)]: 1
指定下一点或 [圆弧(A)/闭合(C)/半宽(H)/长度(L)/放弃(U)/宽度(W)]: w
指定起点宽度 <10.0000>: 0
指定端点宽度 <0.0000>: 0
指定下一点或 [圆弧(A)/闭合(C)/半宽(H)/长度(L)/放弃(U)/宽度(W)]: 10
指定下一点或 [圆弧(A)/闭合(C)/半宽(H)/长度(L)/放弃(U)/宽度(W)]: w
指定起点宽度 <0.0000>: 2
指定端点宽度 <2.0000>: 0
指定下一点或 [圆弧(A)/闭合(C)/半宽(H)/长度(L)/放弃(U)/宽度(W)]: 10
指定下一点或 [圆弧(A)/闭合(C)/半宽(H)/长度(L)/放弃(U)/宽度(W)]: w
指定起点宽度 <3.0000>: 0
指定端点宽度 <0.0000>: 2
指定下一点或 [圆弧(A)/闭合(C)/半宽(H)/长度(L)/放弃(U)/宽度(W)]: a
指定圆弧的端点或 [角度(A)/圆心(CE)/闭合(CL)/方向(D)/半宽(H)/直线(L)/半径(R)/第二个点(S)/放弃(U)/宽度(W)]: a
指定包含角: 90
指定圆弧的端点或 [圆心(CE)/半径(R)]: r
指定圆弧的半径: 10
指定圆弧的弦方向 <0>: 45
指定圆弧的端点或[角度(A)/圆心(CE)/闭合(CL)/方向(D)/半宽(H)/直线(L)/半径(R)/第二个点(S)/放弃(U)/宽度(W)]: l
指定下一点或 [圆弧(A)/闭合(C)/半宽(H)/长度(L)/放弃(U)/宽度(W)]: 10
指定下一点或 [圆弧(A)/闭合(C)/半宽(H)/长度(L)/放弃(U)/宽度(W)]: w
指定起点宽度 <2.0000>: 2
指定端点宽度 <2.0000>: 0
指定下一点或 [圆弧(A)/闭合(C)/半宽(H)/长度(L)/放弃(U)/宽度(W)]: a
指定圆弧的端点或[角度(A)/圆心(CE)/闭合(CL)/方向(D)/半宽(H)/直线(L)/半径(R)/第二个点(S)/放弃(U)/宽度(W)]: a
指定包含角: 90
指定圆弧的端点或 [圆心(CE)/半径(R)]: r
指定圆弧的半径: 10
指定圆弧的弦方向 <90>: 135
指定圆弧的端点或[角度(A)/圆心(CE)/闭合(CL)/方向(D)/半宽(H)/直线(L)/半径(R)/第二个点(S)/放弃(U)/宽度(W)]: l
指定下一点或 [圆弧(A)/闭合(C)/半宽(H)/长度(L)/放弃(U)/宽度(W)]: w
指定起点宽度 <0.0000>: 0
指定端点宽度 <0.0000>: 2
指定下一点或 [圆弧(A)/闭合(C)/半宽(H)/长度(L)/放弃(U)/宽度(W)]: 10
指定下一点或 [圆弧(A)/闭合(C)/半宽(H)/长度(L)/放弃(U)/宽度(W)]: w
指定起点宽度 <2.0000>: 0
指定端点宽度 <0.0000>: 0
指定下一点或 [圆弧(A)/闭合(C)/半宽(H)/长度(L)/放弃(U)/宽度(W)]: 10
指定下一点或 [圆弧(A)/闭合(C)/半宽(H)/长度(L)/放弃(U)/宽度(W)]: w
指定起点宽度 <0.0000>: 10
指定端点宽度 <10.0000>: 0
指定下一点或 [圆弧(A)/闭合(C)/半宽(H)/长度(L)/放弃(U)/宽度(W)]: 9
指定下一点或 [圆弧(A)/闭合(C)/半宽(H)/长度(L)/放弃(U)/宽度(W)]: w
指定起点宽度 <0.0000>: 10
指定端点宽度 <10.0000>: 10
指定下一点或 [圆弧(A)/闭合(C)/半宽(H)/长度(L)/放弃(U)/宽度(W)]: 1
指定下一点或 [圆弧(A)/闭合(C)/半宽(H)/长度(L)/放弃(U)/宽度(W)]: w
指定起点宽度 <10.0000>: 0
指定端点宽度 <0.0000>: 0
指定下一点或 [圆弧(A)/闭合(C)/半宽(H)/长度(L)/放弃(U)/宽度(W)]: 用极轴追踪确定点
指定下一点或 [圆弧(A)/闭合(C)/半宽(H)/长度(L)/放弃(U)/宽度(W)]: w

指定起点宽度 <0.0000>: 3
指定端点宽度 <3.0000>: 1
指定下一点或 [圆弧(A)/闭合(C)/半宽(H)/长度(L)/放弃(U)/宽度(W)]: c

2.3.5 知识总结——偏移命令

偏移命令用于创建与选定对象平行且形状相同的新对象。偏移圆或圆弧可以创建更大或更小的圆或圆弧，取决于向哪一侧偏移。偏移的对象必须是一个实体。

可偏移的对象有：直线、圆弧、圆、椭圆、椭圆弧(形成椭圆形样条曲线)、二维多段线、构造线(参照线)和射线、样条曲线。

单击【修改】工具栏上的【偏移】按钮 。

执行偏移命令时，在命令行会出现如下提示信息。

命令: _offset
当前设置：删除源=否 图层=源 OFFSETGAPTYPE=0
指定偏移距离或 [通过(T)/删除(E)/图层(L)] <通过>:
选择要偏移的对象，或 [退出(E)/放弃(U)] <退出>:
指定要偏移的那一侧上的点，或 [退出(E)/多个(M)/放弃(U)] <退出>:
选择要偏移的对象，或 [退出(E)/放弃(U)] <退出>:

偏移命令中的选项说明如下。

● 指定偏移距离：可以输入值或使用鼠标指定两点的距离。

● 指定要偏移的那一侧上的点：在要偏移的一侧任意指定一点。

● 图层(L)：输入字母 L 后按 Enter 键，在命令行出现如下提示。

输入偏移对象的图层选项 [当前(C)/源(S)] <源>：确定偏移对象用当前层还是源对象层。

● 通过(T)：输入字母 T 后按 Enter 键，在要偏移的一侧指定要偏移到的一点。

● 删除(E)：输入字母 E 后按 Enter 键，在命令行出现如下提示。

要在偏移后删除源对象吗? [是(Y)/否(N)] <否>：确定是否删除源对象。

偏移多段线和样条曲线的特例：如果二维多段线和样条曲线在偏移距离大于可调整的距离时将自动进行修剪，如图 2.26 所示。

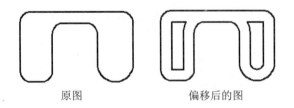

原图　　　　　　　　　　偏移后的图

图 2.26　自动修剪偏移

2.3.6 知识总结——偏移命令和夹点的使用

在没有任何命令的情况下，选择对象(可以同时单击多个对象)后，被选取的对象的关键点上就会出现若干个小方格，即夹点，如图 2.27 所示。利用 AutoCAD 的夹点功能，可以很方便地对实体进行拉伸、移动、旋转、缩放和镜像等编辑操作。

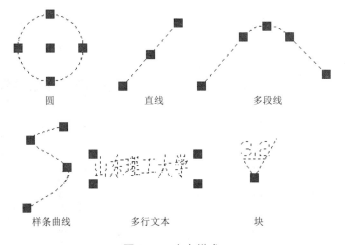

图 2.27　夹点样式

夹点有两种状态：未激活状态和被激活状态。选择某图形对象后出现的蓝色小方框，就是未激活状态的夹点；如果单击某个夹点，该夹点就被激活，以红色小方框显示。这种处于被激活状态的夹点又称为热点，而未激活夹点又称为冷点，如图 2.28 所示。

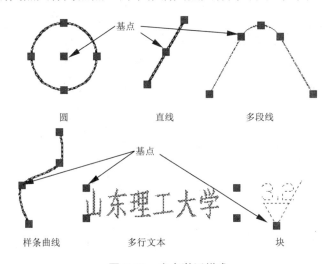

图 2.28　夹点激活样式

以被激活的夹点(热点)为基点，可以在命令行选择对图形对象执行拉伸、平移、复制、缩放和镜像等基本操作。当基点为圆、圆弧的中心时，可以直接拖动鼠标进行移动或者复制对象；当基点为线段的端点时，可以直接拖动鼠标拉伸对象的端点或复制对象；其他的选项读者可以自己试试。如果在选中对象后右击出现快捷菜单，这时也能进行各种编辑操作，如图 2.29 所示为快捷菜单的样式，可以看出选择不同对象和夹点的快捷菜单是一样的。

如果选择了不同的基点，则拖动鼠标后得到的结果也不相同，需要根据不同的要求选择不同的基点，从而进行相应的操作。圆的基点选择为圆心，直线段的基点选择为中间夹点，移动鼠标后，则为移动圆和直线的位置；若其基点选择为象限点和端点，移动鼠标后，则会是圆的半径变化和直线段的长度、方向变化，如图 2.30 所示。

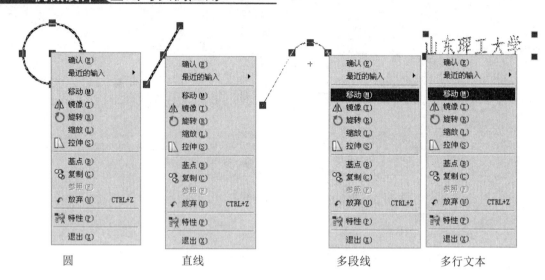

图 2.29　基点快捷菜单的样式

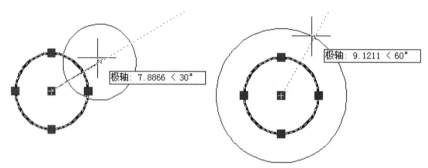

圆基点分别为圆心和象限点，拖动鼠标后的图形

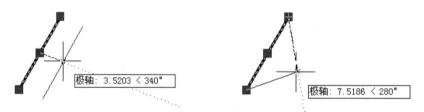

直线基点分别为中心和端点，拖动鼠标后的图形

图 2.30　不同基点拖动鼠标后的图形

　　如果选择了不同的基点，执行复制命令后，拖动鼠标得到的结果也不相同，同样需要根据不同的要求选择不同的基点，从而进行相应的操作。若选择圆的圆心作为基点，执行复制命令，移动鼠标后，可以连续复制同样大小的圆；若选择象限点作为基点，可以复制出系列同心圆。如果选择中间夹点的直线段的基点，执行复制命令，移动鼠标后，则复制出系列平行线；若选择端点作为其基点，执行复制命令，移动鼠标后，则会以直线段的另一端点为中心，复制出线段的长度、方向变化的直线段，如图 2.31 所示。

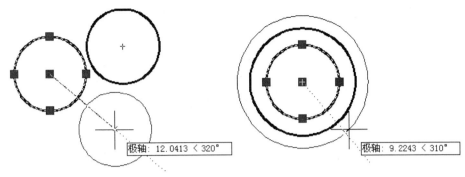

圆基点为圆心和象限点复制后拖动鼠标后的图形

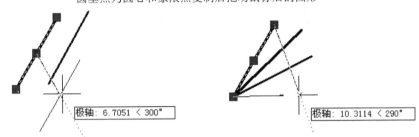

直线基点为中心和端点复制后拖动鼠标后的图形

图 2.31 夹点复制后的图形

若选择基点后，执行旋转命令，图线则以基点为中心进行旋转；若执行旋转命令后，继续执行复制命令，则形成以基点为中心的各种旋转角度的同样的图线。读者可以自己操作一下试试。

若选择基点后，执行镜像命令，图线则以基点为镜像轴线的一点，确定另一点后，将对象进行镜像；若执行镜像命令后，继续执行复制命令，则会形成以基点为镜像轴线的一点和指定另一点为轴线的对称图形。

选中对象后，若要确定多个夹点基点，需同时按住 Shift 键来选择。若要取消夹点，按 Esc 键即可。

选择对象和基点后，按住 Ctrl 键，单击基点移动鼠标可以复制对象，基点不同，复制后的对象也不一样，只要复制一个后，可以松开 Ctrl 键连续复制；按住 Shift 键，单击基点，只能水平和垂直移动或者修改对象；移动鼠标后按一下 Alt 键，可以预览修改后的图形，再次按一下 Alt 键，可以继续操作。

2.4 运用垂直关系绘制图形

2.4.1 案例介绍及知识要点

绘制如图 2.32 所示的图形。

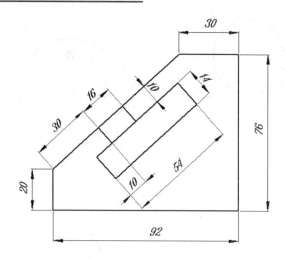

图 2.32　运用垂直关系绘制图形

知识点:

● 掌握对象的概念和对象的选择。
● 掌握删除命令的使用方法。

2.4.2　操作步骤

1. 新建文件

新建文件"运用垂直关系",打开动态输入,将极轴角设置为 90°,极轴角测量选择"相对上一段"选项。

2. 绘制图形的外框

(1)　单击【绘图】工具栏上的【多段线】按钮 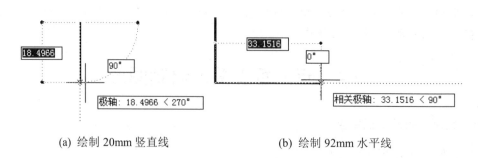,在绘图窗口中的合适位置单击鼠标指定一点,作为起点,输入字母 W 后按 Enter 键,输入线宽数值 0.5 后按两次 Enter 键,然后向下移动光标,在极轴角显示 270° 时,如图 2.33(a)所示,输入距离数值 20 并按 Enter 键完成20mm 左竖直线的绘制;水平向右移动光标,在相关极轴显示90° 的时候,如图2.33(b)所示,输入距离数值 92 并按 Enter 键完成 92mm 水平线的绘制。

(a) 绘制 20mm 竖直线　　　(b) 绘制 92mm 水平线

图 2.33　绘制外框左下方的图线

(2)　继续向上移动光标到极轴角显示相关极轴90° 的时候,如图 2.34(a)所示,输入距离数值 76 并按 Enter 键完成 76mm 右竖直线的绘制；水平向左移动光标，在极轴角显示相关极轴 90°的时候，如图 2.34(b)所示，输入数值 30 后按 Enter 键，完成上水平线的绘制；输入字母 C 后按 Enter 键，完成外框绘制。

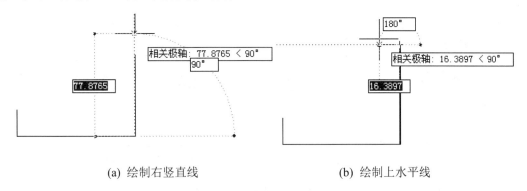

(a) 绘制右竖直线   (b) 绘制上水平线

图 2.34 绘制外框右上方的图线

3. 绘制框内直线

(1) 单击【绘图】工具栏上的【直线】按钮，自动捕捉左侧竖直线的上端点，单击鼠标；然后沿着斜线移动光标，在极轴角显示相关极轴 180°的时候，如图 2.35(a)所示，输入数值 30 并按 Enter 键，绘制一条辅助线；移动光标，在极轴角显示相关极轴 270°的时候，如图 2.35(b)所示，输入数值 10 并按 Enter 键，绘制出框内左下方 10mm 直线。

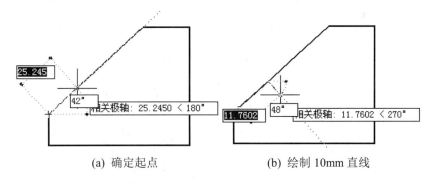

(a) 确定起点   (b) 绘制 10mm 直线

图 2.35 绘制框内左下方 10mm 直线

(2) 向右上移动光标，在极轴角显示相关极轴 90°的时候，如图 2.36(a)所示，输入数值 44 并按 Enter 键，绘制上方 54 部分线；移动光标，在极轴角显示相关极轴 270°的时候，如图 2.36(b)所示，输入数值 14 并按 Enter 键，绘制框内上方 14mm 线。

(3) 移动光标，在极轴角显示相关极轴 270°的时候，如图 2.37(a)所示，输入数值 54 并按 Enter 键，绘制框内下方 54mm 线；移动光标，在极轴角显示相关极轴 270°的时候，如图 2.37(b)所示，输入数值 14 按 Enter 键，绘制框内下方 14mm 线，按 Esc 键完成绘制。

4. 整理图形

(1) 单击【修改】工具栏上的【偏移】按钮，输入数值 16 并按 Enter 键，确定偏移的距离，单击 10mm 斜线后在其右侧单击鼠标，按 Esc 键完成偏移命令，如图 2.38(a)所示；单击 44mm 直线出现蓝色的夹点，再单击其下方的夹点使其变为红色，移动光标捕捉下方 14mm 斜线的端点，如图 2.38(b)所示，单击鼠标，完成直线的拉长。

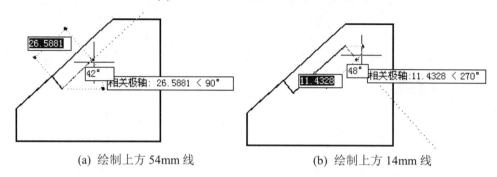

(a) 绘制上方 54mm 线　　　　　　　(b) 绘制上方 14mm 线

图 2.36　绘制框内左上方线

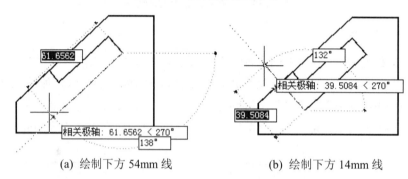

(a) 绘制下方 54mm 线　　　　　　　(b) 绘制下方 14mm 线

图 2.37　绘制框内下方线

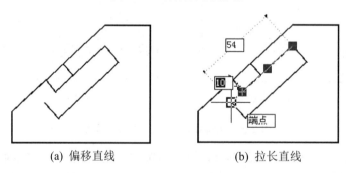

(a) 偏移直线　　　　　　　　　　(b) 拉长直线

图 2.38　整理图形

(2) 将光标放在绘制的辅助线上，图线将变粗，如图 2.39(a)所示，单击选择辅助线；或者移动光标在如图 2.39(b)所示 A 点单击鼠标，再向右下方移动光标，出现选择对象的矩形框，在如图 2.39(c)所示 B 点单击鼠标，将选取被选择框完全包围的辅助线；其两种方式选择的结果如图 2.39(d)所示，按 Delete 键删除选择的辅助线，完成图形的绘制。

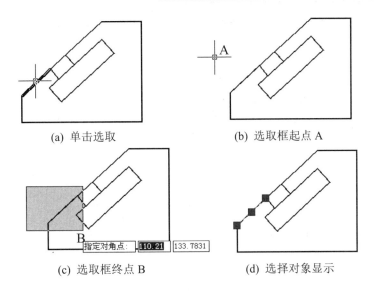

(a) 单击选取　　　　　　　　　　(b) 选取框起点 A

(c) 选取框终点 B　　　　　　　　(d) 选择对象显示

图 2.39　选取对象

2.4.3　知识总结——对象及对象的选择方式

在 AutoCAD 中对象也叫作实体。在 AutoCAD 2008 中，绘制的点、线、圆、圆弧、多边形、文字、剖面线、尺寸标注等都是对象，读者在编辑图形的过程中是以对象为单位来进行操作的。当对象被选中时，会出现若干个蓝色小方框，称为夹点，如图 2.40 所示。

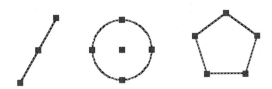

图 2.40　选择后的对象

1. 单击对象逐个选择

这是最基本的对象选择方式，当要执行某一编辑命令时，命令行中会提示选择对象，并且光标也变成了拾取框，用户可以用拾取框直接单击对象，直至完成选择，按 Enter 键结束；在不执行命令时候，也可以直接单击对象进行选取。

提示：如果在选择对象的过程中，多选择了对象，可以按住 Shift 键，单击多选择的对象，将这个对象从选择集中取消。

2. 窗口选择方式(window)——W 窗口选择方式(简称窗选)

将要选择的对象全部放到矩形窗口里面才能被选中，若有部分在矩形窗口外，则不能选定。在要选择对象左边单击确定一点，然后拖动光标向右移动，即可出现选择窗口，移动方向为左上→右下或左下→右上，当要选择的对象都在窗口内时，再次单击确认矩形窗口大小，即可选定对象。

若是先执行命令，后选择对象，执行窗选方式，被选择的对象会变为虚线点显示；若是先选择对象，后执行命令，则选择的对象就变为带夹点(若干个蓝色小方框)样式，如图 2.41 所示。

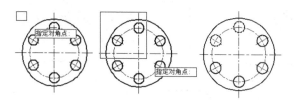

(a) 先执行命令，后选择对象

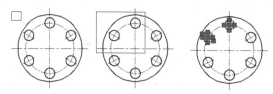

(b) 先选择对象，后执行命令

图 2.41 窗选格式

提示：如果在执行编辑命令的过程中，选择对象时，输入窗选命令 w 后按 Enter 键，则光标向左右移动都可执行窗选。

3. 交叉窗口选择方式(crossing)——C 窗口选择方式(简称叉选)

将要选择的对象与拖动的矩形窗口交叉就能被选中。在绘图窗口中要选择的对象右边单击确定一点，然后拖动光标向左移动，即可出现选择窗口，移动方向为右上→左下或右下→左上，当所选的对象全部与窗口交叉后(不必全部在矩形窗口里面)，再次单击确认矩形窗口大小，即可选定对象。

使用基本同样大小的矩形窗口，通过窗选和叉选选择的对象分别如图 2.42 所示。

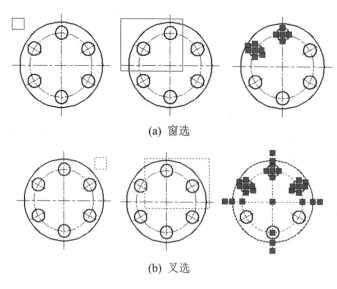

(a) 窗选

(b) 叉选

图 2.42 窗选与叉选比较

2.4.4　知识总结——删除和恢复对象

1. 删除命令的使用

在绘制图形的过程中，可能会出现一些误操作，从而需要删除绘制错误的部分。方法是选择要删除的对象，然后按 Delete 键。

2. 恢复删除命令的使用

在绘制图形的过程中，可能会出现由于误操作而删除了本来需要的图形对象，这时一般可用 oops(恢复删除)命令来恢复最后一次使用 erase(删除)命令删除的所有对象。由于在执行 block(块)或 wblock(写块)命令时，在创建块后可以删除选定的对象，因此可以创建块之后使用 oops 命令，恢复删除的块。

> **提示：**此恢复删除命令只能恢复最后一次的删除。

3. 撤销命令的使用

在绘制图形的过程中，一般用 undo(撤销)命令可以恢复最近的操作，可以向前恢复到最后一次保存文件的位置。

4. 取消撤销的操作

在执行撤销命令后，如果退回的操作步骤多了，可以立即使用取消撤销命令 redo 后按 Enter 键或空格键来恢复。

2.5　运用相切关系绘图

2.5.1　案例介绍及知识要点

绘制如图 2.43 所示的图形。

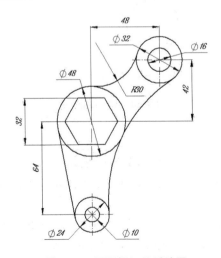

图 2.43　运用相切关系绘图

知识点:

● 掌握捕捉以及追踪方法的运用。
● 掌握修剪命令的使用方法。

2.5.2 操作步骤

1. 新建文件

新建文件"运用相切关系",打开动态输入。

2. 绘制三个基准圆(如图 2.44(c)所示)

单击【绘图】工具栏上的【圆】按钮 ,在绘图窗口中的合适位置单击鼠标指定一点,作为圆的圆心,然后输入数值 12 作为半径,按 Enter 键完成 ϕ24 圆的绘制;按 Enter 键重复执行【圆】命令,利用对正捕捉追踪方式,捕捉 ϕ24 圆的圆心,竖直向上移动光标,如图 2.44(a)所示,输入数值 64 并按 Enter 键确定 ϕ48 圆的圆心,输入半径数值 24 后按 Enter 键完成 ϕ48 圆的绘制;按 Enter 键执行【圆】命令,使用临时替代捕捉方式【捕捉自】 ,单击 from 基点 ϕ48 圆的圆心,输入偏移数据为((@48,42),如图 2.44(b)所示,按 Enter 键确定 ϕ32 圆的圆心,输入半径数值 16 后按 Enter 键完成 ϕ32 圆的绘制。

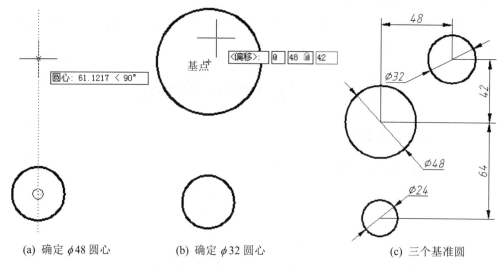

(a) 确定 ϕ48 圆心   (b) 确定 ϕ32 圆心   (c) 三个基准圆

图 2.44 绘制基准圆

3. 绘制两个小圆

(1) 单击【修改】工具栏上的【偏移】按钮 ,输入偏移距离为 7,按 Enter 键,单击 ϕ24 圆,如图 2.45(a)所示,然后在此圆内单击鼠标,完成 ϕ10 圆的绘制,如图 2.45(b)所示。

(2) 选择 ϕ32 圆,单击其圆上夹点使其变为热点,如图 2.46(a)所示,输入字母 C 后按 Enter 键;输入半径数值 8,如图 2.46(b)所示,按 Enter 键生成 ϕ16 圆,按 Esc 键完成绘制。

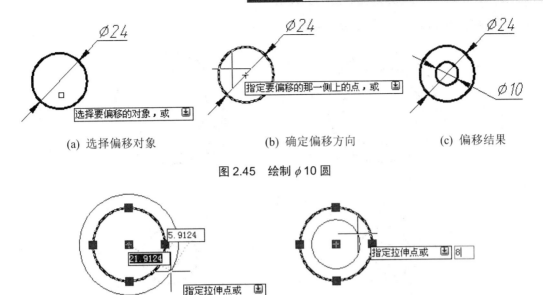

(a) 选择偏移对象   (b) 确定偏移方向   (c) 偏移结果

图 2.45　绘制 ϕ10 圆

(a) 选择热点   (b) 输入半径

图 2.46　绘制 ϕ32 圆

4. 绘制六边形

单击【绘图】工具栏上的【正多边形】按钮 ，输入数值 6 并按 Enter 键，确定为正六边形，单击 ϕ48 圆的圆心，输入字母 C 后按 Enter 键，在如图 2.47(a)所示位置，输入数值 16，按 Enter 键，如图 2.47(b)所示，完成正六边形的绘制。

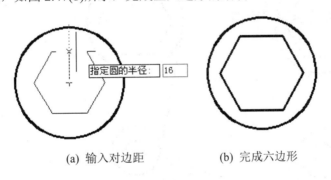

(a) 输入对边距   (b) 完成六边形

图 2.47　绘制六边形

5. 绘制切线

(1) 单击【绘图】工具栏上的【直线】按钮 ，在绘图窗口使用捕捉到切点方式 ，将光标靠近 ϕ24 圆的左侧，如图 2.48(a)所示，单击鼠标确定直线的起点；再次使用捕捉到切点方式 ，将光标靠近 ϕ48 圆的左侧，如图 2.48(b)所示，单击鼠标确定直线的终点，按 Enter 键完成左侧切线的绘制。

(2) 单击【绘图】工具栏上的【圆】按钮 ，输入字母 T 后按 Enter 键，在绘图窗口将光标靠近 ϕ48 圆的左上侧，出现切点标记，如图 2.49(a)所示，单击鼠标指定一点；然后靠近 ϕ32 圆的左上侧，出现切点标记，如图 2.49(b)所示，单击鼠标指定一点；输入数值

30 作为半径，按 Enter 键完成圆的绘制。

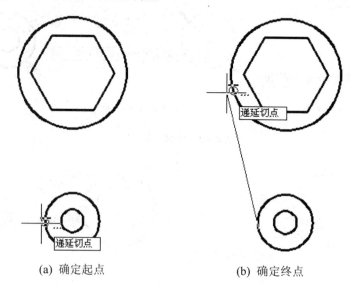

(a) 确定起点　　　　　　　　　(b) 确定终点

图 2.48　绘制切线

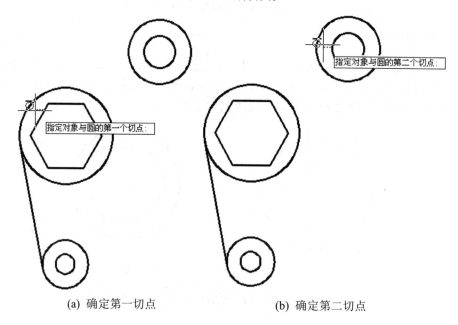

(a) 确定第一切点　　　　　　　(b) 确定第二切点

图 2.49　半径 30 切圆弧

(3) 选择【绘图】|【圆】|【相切、相切、相切】命令，将光标靠近 $\phi 24$ 圆的右侧，出现切点标记，单击鼠标；将光标靠近 $\phi 48$ 圆的右侧，出现切点标记，单击鼠标；将光标靠近 $\phi 32$ 圆的右下侧，出现切点标记，单击鼠标，完成圆的绘制，如图 2.50 所示。

6. 整理图形

单击【修改】工具栏上的【修剪】按钮 ，在绘图窗口中单击 $\phi 24$ 圆、$\phi 48$ 圆和 $\phi 32$ 圆，如图 2.51(a)所示，按 Enter 键；将光标靠近半径 30 圆的左侧，单击要删除的部分，如

图 2.51(b)所示；将光标靠近大圆的右侧，单击要删除的部分，如图 2.51(c)所示；按 Enter 键完成图形绘制，如图 2.51(d)所示。

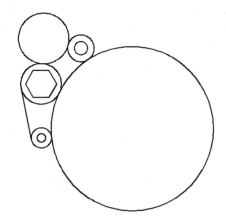

图 2.50　绘制切线圆

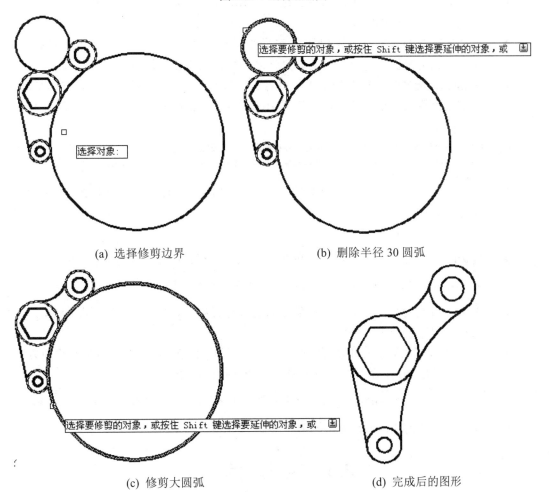

(a) 选择修剪边界　　　　　　　　(b) 删除半径 30 圆弧

(c) 修剪大圆弧　　　　　　　　(d) 完成后的图形

图 2.51　修剪圆弧

2.5.3 知识总结——修剪命令

某个对象与其他对象的边相接，通过修剪命令，选择的剪切边与修剪对象相交，将对象修剪至剪切边的交点。如果未指定边界对象并在"选择对象"提示下按 Enter 键，则所有显示的对象都将成为潜在边界。

单击【修改】工具栏上的【修剪】按钮，在命令行出现如下提示。

```
命令: _trim
当前设置:投影=UCS,边=无
选择剪切边...
选择对象或 <全部选择>:选择一个或多个对象后按 Enter 键,或者按 Enter 键选择所有显示的对象作为剪切
的边界。
选择要修剪的对象,或按住 Shift 键选择要延伸的对象,或[栏选(F)/窗交(C)/投影(P)/边(E)/删除(R)/
放弃(U)]:选择对象或输入选项来指定一种对象选择方法来选择要修剪的对象。如果有多个可能的修剪结果,
那么第一个选择点的位置将决定结果。
```

各选项的含义如下。

● 选择对象：指定要修剪的对象。选择修剪对象提示将会重复，可以选择多个修剪对象，按 Enter 键退出命令。

● 选择要修剪的对象或按住 Shift 键选择要延伸的对象：延伸选定对象而不是修剪它们，此选项提供了一种在修剪和延伸之间切换的简便方法。

● 栏选(F)：选择与选择栏相交的所有对象。选择栏是一系列临时线段，它们是用两个或多个栏选点指定的，选择栏不构成闭合环。执行栏选后，命令行提示如下。

```
指定第一个栏选点:指定选择栏的起点;
指定下一个栏选点或 [放弃(U)]:指定选择栏的下一个点或输入 u;
指定下一个栏选点或 [放弃(U)]:指定选择栏的下一个点、输入 u 或按 Enter 键。
```

● 窗交(C)：选择矩形区域内部或与窗口相交的对象。执行窗交后，命令行提示如下。

```
指定第一个角点:指定点;
指定对角点:指定第一点对角线上的点。
```

● 投影(P)：指定修剪对象时使用的投影方法。执行投影后，命令行提示如下。

```
输入投影选项 [无(N)/UCS(U)/视图(V)] <当前设置>:输入选项或按 Enter 键。
```

● 边(E)：确定对象是在另一对象的延长边处进行修剪，还是仅在三维空间中与该对象相交的对象处进行修剪。

● 删除(R)：删除选定的对象。此选项提供了一种用来删除不需要的对象的简便方法，而无需退出 trim 命令。执行删除后，命令行提示如下。

```
选择要删除的对象或 <退出>:使用对象选择方法并按 Enter 键返回上一个提示。
```

● 放弃(U)：撤销由 trim 命令所做的最近一次修改。

2.6 实 战 练 习

绘制如图 2.52 所示的圆弧连接图形。

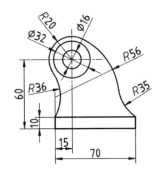

图 2.52　圆弧连接

2.6.1　绘图分析

根据此圆弧连接图形，先绘制下面的矩形，再利用"捕捉自"方式，绘制上面的圆，其余圆弧需要利用制图讲述圆弧连接的方式绘制，找到圆心，绘制圆，将多余的图线修剪掉。

2.6.2　操作步骤

1. 新建文件

新建文件"实战练习 2"。

2. 画直线

执行直线命令绘制矩形，如图 2.53 所示。

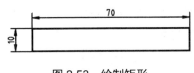

图 2.53　绘制矩形

3. 画圆

执行圆心–半径方式的圆命令，绘制直径分别为 16、32 和半径为 20 的圆，第一个圆利用"捕捉自"方式，以左下角点 A 为基点，偏移为(@15, 60)来绘制，其余两个图用捕捉圆心的方法进行绘制，如图 2.54 所示。

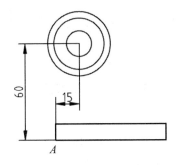

图 2.54　绘制已知圆

4. 画辅助线

执行圆心-半径方式的圆命令，利用《制图》课程讲述的圆弧连接方式，先绘制辅助圆，再求出连接圆弧的圆心，如图 2.55 所示。

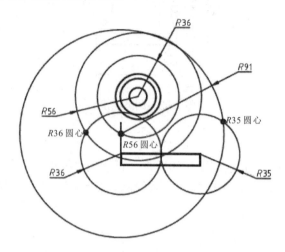

图 2.55　绘制辅助线

5. 绘制连接圆弧

执行圆心-半径方式的圆命令，绘制 $R56$ 圆；执行起点-圆心-端点方式的圆弧命令，绘制 $R36$ 圆弧，起点为矩形的左上角点，圆心为标注 $R36$ 圆心的点，端点为捕捉 $R20$ 圆心；做 $R35$ 与 $R56$ 圆心连线为辅助线，与绘制粗实线 $R56$ 圆的交点为切点，执行起点-圆心-端点方式的圆弧命令，绘制 $R35$ 圆弧，起点为求作的切点，圆心为标注 $R35$ 圆心的点，端点为矩形的右上角点，如图 2.56 所示。

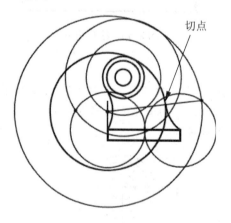

图 2.56　绘制连接圆弧

6. 修剪

删除辅助线，执行修剪命令，剪掉多余的圆弧，并且将当前层转换为中心线图层，利用对象追踪模式，绘制中心线，得到如图 2.52 所示的图形。

2.7 上 机 练 习

精确绘制下列图形(如图 2.57～图 2.60 所示)。

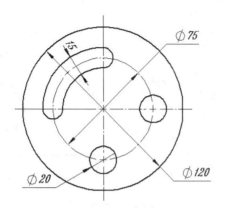

图 2.57 习题 1 图

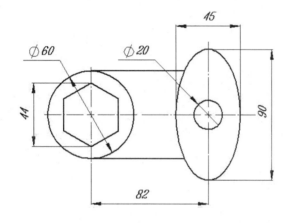

图 2.58 习题 2 图

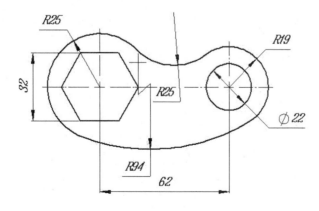

图 2.59 习题 3 图

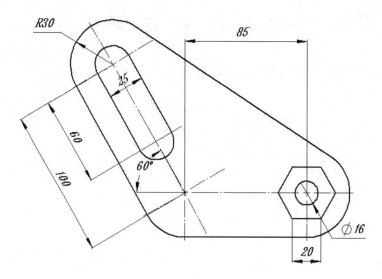

图 2.60　习题 4 图

第 3 章 AutoCAD 编辑图形

AutoCAD 中的基本编辑命令包括阵列、镜像、复制、旋转、移动、拉伸、比例缩放、打断等。

3.1 绘制均匀几何特征——矩形阵列

3.1.1 案例介绍及知识要点

绘制如图 3.1 所示的图形。

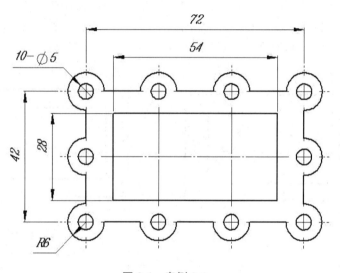

图 3.1 案例 3.1

知识点:

掌握矩形阵列命令的使用方法。

3.1.2 操作步骤

1. 新建文件

新建文件"案例 3.1",打开"动态输入"模式。

2. 绘制两个矩形和圆

(1) 单击【绘图】工具栏上的【矩形】按钮 ▭,在绘图窗口中的合适位置单击鼠标指定一点,作为矩形的一个角点,输入数据(72,42)并按 Enter 键确定另一角点,完成外面矩形的绘制；按 Enter 键重复执行矩形命令，使用"捕捉自"方式 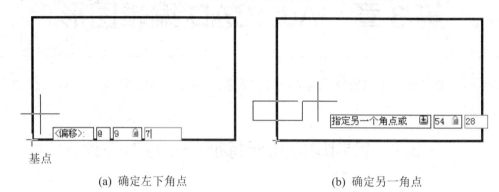，确定基点为矩形左下角点，输入偏移距离(@9,7)，如图 3.2(a)所示，按 Enter 键确定矩形的左下角点；输入数据(54,28)，如图 3.2(b)所示，按 Enter 键确定另一角点，完成内部矩形的绘制。

基点

(a) 确定左下角点　　　　　　　　　　(b) 确定另一角点

图 3.2　绘制矩形

(2)　单击【绘图】工具栏上的【圆】按钮 ⊙，在绘图窗口捕捉矩形的左下角点作为圆心，输入半径 6，按 Enter 键完成一个圆的绘制，如图 3.3(a)所示；按 Enter 键重复圆命令，捕捉圆的圆心作为 ϕ5 圆的圆心，输入半径 2.5，按 Enter 键完成另一圆的绘制，如图 3.3(b)所示。

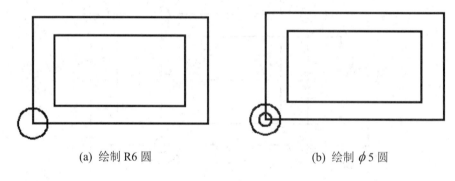

(a) 绘制 R6 圆　　　　　　　　　　(b) 绘制 ϕ5 圆

图 3.3　绘制圆

3. 矩形阵列

单击【修改】工具栏上的【阵列】按钮 ⊞，弹出【阵列】对话框，选择【矩形阵列】单选按钮，单击【选择对象】按钮，在绘图窗口选择两个圆，按 Enter 键返回【阵列】对话框，行设置为3，列设置为4，行偏移为21，列偏移为24，如图 3.4(a)所示；单击确定按钮，完成阵列，如图 3.4(b)所示。

4. 整理图形

(1)　选择中心区域的 4 个圆，按 Delete 键删除圆，如图 3.5 所示。

(2)　单击【修改】工具栏上的【修剪】按钮，在绘图窗口中选择大矩形和 10 个 R6 圆为边界，如图 3.6(a)所示，按 Enter 键完成选择；将光标移动到要删除的图线，单击鼠标删除图线，如图 3.6(b)所示，完成图形绘制。

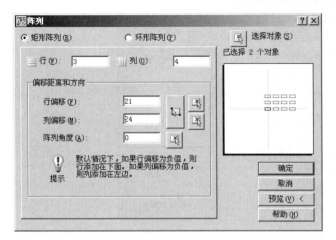
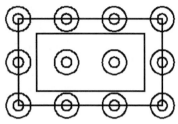

(a) 【阵列】对话框   (b) 阵列后的图形

图 3.4 阵列设置和结果

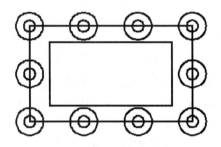

图 3.5 删除圆后的图形

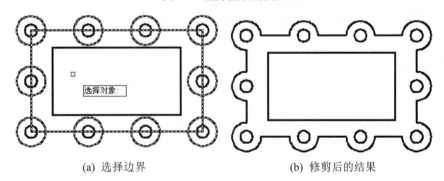

(a) 选择边界   (b) 修剪后的结果

图 3.6 整理图形

3.1.3 知识总结——矩形阵列

在绘制图形时，经常会遇到一些呈规则分布的实体，用多重复制命令不是十分方便、快捷。使用 AutoCAD 中提供的阵列命令，可以快捷、准确地解决这类问题。

利用阵列命令可以在矩形或环形(圆形)阵列中创建对象的副本。

单击【修改】工具栏上的【阵列】按钮，出现【阵列】对话框，如图 3.7 所示，在对话框的上方有两个选项：【矩形阵列】和【环形阵列】，默认打开的是矩形阵列，单击【选择对象】按钮，则将临时关闭【阵列】对话框，而在绘图窗口选择要阵列的对象。

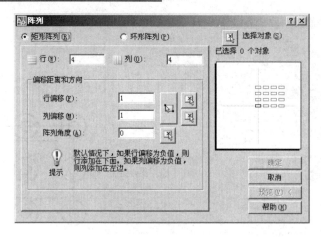

图 3.7　【阵列】对话框

在【阵列】对话框中选中【矩形阵列】单选按钮，在【行】文本框中输入行的数目，如果只指定了一行，则必须指定多列。在【列】文本框中输入列的数目，如果只指定了一列，则必须指定多行。

在【行偏移】文本框中输入数值，此数值为要阵列的对象相同位置点间垂直方向的距离，如果行偏移为负值，则向下添加行。在【列偏移】文本框中输入数值，此数值为要阵列的对象相同位置点间水平方向的距离，如果列偏移为负值，则向左添加列。在【阵列角度】文本框中输入数值，指定旋转角度，此角度通常为 0°；此数值为阵列对象的某一点的水平方向与阵列后行的方向的夹角，逆时针旋转为正，顺时针旋转为负。

单击【行偏移】后面的拾取行偏移小按钮，将临时关闭【阵列】对话框，然后使用鼠标在绘图窗口中指定两点之间距离为行偏移。

单击【列偏移】后面的拾取列偏移小按钮，将临时关闭【阵列】对话框，然后使用鼠标在绘图窗口中指定两点之间距离为列偏移。

单击【行偏移】和【列偏移】后面拾取两个偏移的大按钮，将临时关闭【阵列】对话框，使用鼠标在绘图窗口中确定两点形成的矩形的长和宽确定行偏移和列偏移两个数值。

单击【阵列角度】后面的拾取阵列角度小按钮，将临时关闭【阵列】对话框，然后使用鼠标在绘图窗口中拾取两点之间直线与水平方向的夹角作为阵列角度。

矩形阵列效果如图 3.8 所示。

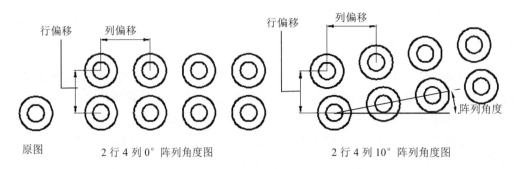

图 3.8　矩形阵列比较

3.2 绘制均匀几何特征——圆形阵列

3.2.1 案例介绍及知识要点

绘制如图 3.9 所示的图形。

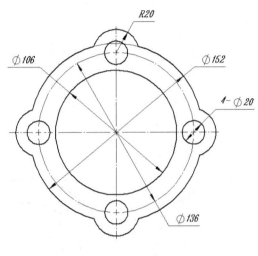

图 3.9 圆形阵列

知识点:

掌握环形阵列命令的使用方法。

3.2.2 操作步骤

1. 新建文件

新建文件"圆形阵列",将极轴角设置为 15°。

2. 绘制圆

(1) 单击【绘图】工具栏上的【圆】按钮◎，在绘图窗口中的合适位置单击鼠标指定一点，作为圆的圆心，输入数据 76 作为半径，按 Enter 键完成圆的绘制；按 Enter 键重复圆命令，单击捕捉 ϕ152 圆的圆心，作为 ϕ106 的圆心，输入数据 53 作为半径，按 Enter 键完成 ϕ106 圆的绘制，如图 3.10 所示。

(2) 单击【绘图】工具栏上的【圆】按钮◎，将光标放置在圆心处，待出现圆心捕捉标记 ⭘ 时，向下移动光标，如图 3.11(a)所示，输入数值 68，按 Enter 键确定圆心；输入数值 20，按 Enter 键确定半径 20 的圆；按 Enter 键重复圆命令，单击捕捉 R20 圆的圆心，作为 ϕ20 的圆心，输入数据 10 作为半径，按 Enter 键完成 ϕ20 圆的绘制，如图 3.11(b)所示。

3. 环形阵列

单击【修改】工具栏上的【阵列】按钮⊞，弹出【阵列】对话框，选择【环形阵列】

单选按钮，单击【拾取中心点】按钮 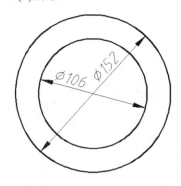，在绘图窗口单击捕捉大圆的圆心，单击【选择对象】按钮，在绘图窗口选择两个小圆，按 Enter 键返回【阵列】对话框，方法选择【项目总数和填充角度】，项目总数设置为 4，填充角度设置为 360，如图 3.12(a)所示；单击【确定】按钮，完成阵列，如图 3.12(b)所示。

图 3.10　绘制大圆

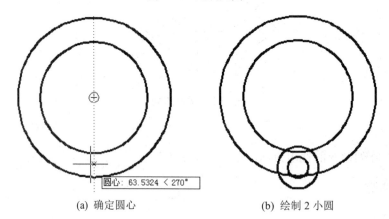

(a) 确定圆心　　　　　(b) 绘制 2 小圆

图 3.11　绘制小圆

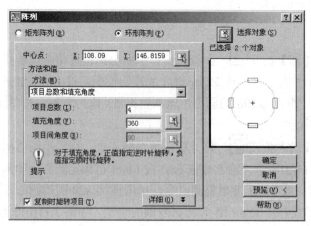

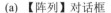

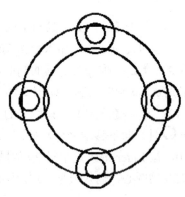

(a) 【阵列】对话框　　　　　(b) 阵列后的图形

图 3.12　阵列设置和结果

4. 整理图形

单击【修改】工具栏上的【修剪】按钮 ，在绘图窗口中选择 ϕ152 圆和 4 个 $R20$ 圆作为边界，如图 3.13(a)所示，按 Enter 键完成选择；将光标移动到要删除的图线上，单击鼠标删除图线，如图 3.13(b)所示，完成图形绘制。

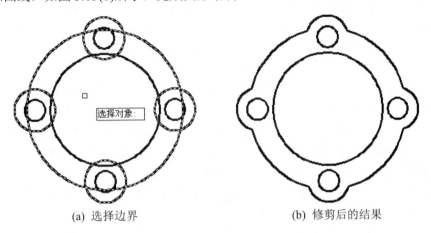

(a) 选择边界　　　　　　　　　　　(b) 修剪后的结果

图 3.13　整理图形

3.2.3　知识总结——环形阵列

单击【修改】工具栏上的【阵列】按钮 ，出现【阵列】对话框，选中【环形阵列】单选按钮，如图 3.14 所示。

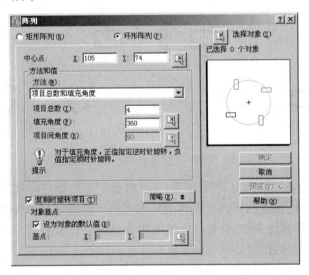

图 3.14　【阵列】对话框

环形阵列是指以选择的对象为基点，绕着中心点旋转得到需要的数目和角度的相同样式的对象。因此在做环形阵列的时候，需要选择好中心点和基点。

各选项说明如下。

● 中心点：在其后面的文本框中指定环形阵列的中心点的 X 和 Y 坐标值，或单击

【拾取中心点】按钮![icon]，临时关闭【阵列】对话框，然后使用鼠标在绘图窗口中指定中心点。

- 方法：设置定位对象所用的方法。如果方法为"项目总数和填充角度"，则可以使用相关字段来指定值，"项目间的角度"字段不可用。

- 项目总数：设置在结果阵列中显示的对象数目，默认值为 4。

- 填充角度：通过定义阵列中第一个和最后一个元素的基点之间的包含角来设置阵列大小。正值指定逆时针旋转，负值指定顺时针旋转，默认值为 360，不允许值为 0。

- 项目间角度：设置阵列对象的基点和阵列中心之间的包含角。必须输入一个正值，默认方向值为 90。

- 填充角度后面的拾取要填充角度的按钮![icon]：单击此按钮，将临时关闭【阵列】对话框，可以定义阵列中第一个元素和最后一个元素的基点之间的包含角。命令行窗口提示在绘图窗口参照一个点选择另一个点。

- 项目间角度后面的拾取项目间角度的按钮![icon]：单击此按钮，临时关闭【阵列】对话框，可以定义阵列对象的基点和阵列中心之间的包含角。命令行窗口提示在绘图窗口参照一个点选择另一个点。

- 复制时旋转项目：是否需要选中，取决于用户的需求。选中此选项前后的对比效果如图 3.15 所示。

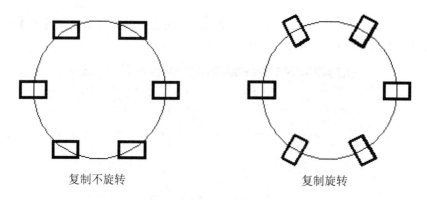

复制不旋转　　　　　　　　　　　　复制旋转

图 3.15　复制时旋转项目和不旋转项目比较

环形阵列要对选定对象指定参照(基准)点，对选定对象指定阵列操作时，这些选定对象将与阵列中心点保持不变的距离。要构造环形阵列，将确定从阵列中心点到最后一个选定对象上的参照点(基点)之间的距离。所使用的基点决于对象类型，对于对象的基点可以设为默认值。默认基点的设置如表 3.1 所示。

如果不选择默认值，可以在对话框中输入新基点的 X 和 Y 坐标；也可以单击【拾取基点】按钮![icon]，临时关闭对话框，并指定一个点，指定一个点后，【阵列】对话框将重新显示。

设置结束后，单击【确定】按钮，则完成阵列操作，同时也可以单击【预览】按钮，查看结果，不合适可以再进行修改。

表 3.1　环行阵列对象的默认基点

对象类型	默认基点
圆弧、圆、椭圆	圆心
多边形、矩形	第一个角点
圆环、直线、多段线、三维多段线、射线、样条曲线	起点
块、段落文字、单行文字	插入点
构造线	中点
面域	栅格点

3.3　绘制对称几何特征

3.3.1　案例介绍及知识要点

绘制如图 3.16 所示的图形。

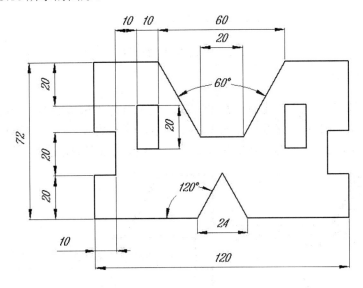

图 3.16　绘制对称几何特征图形

知识点：

掌握镜像命令的使用方法。

3.3.2　操作步骤

1. 新建文件

新建文件"对称几何特征"，将极轴角设置为 30°。

2. 绘制左半边外框

由于图形是左右对称的，所以可以中心为界绘制图形的一半；单击【绘图】工具栏上的【直线】按钮 ⟋ ，利用极轴追踪的输入距离法绘制图形，在绘图窗口中的合适位置指定图线的第一点，然后依据图 3.17 所示尺寸，绘制图形左半边外框。

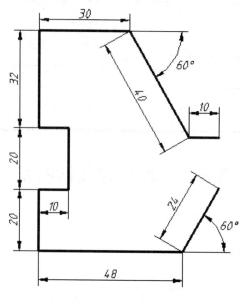

图 3.17　左半边外框尺寸

3. 绘制矩形

单击【绘图】工具栏上的【矩形】按钮 ▢ ，将光标靠近最上面的水平线的右端点，出现交点标记▫时，向下移动光标，如图 3.18(a)所示，输入数值 20 后按 Enter 键确定矩形起点；输入数据(-10,-20)，如图 3.18(b)所示，按 Enter 键完成左侧直线的绘制。

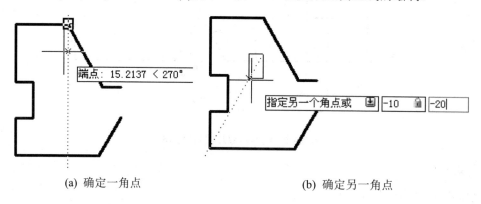

(a) 确定一角点　　　　　　　　　　(b) 确定另一角点

图 3.18　绘制矩形

4. 执行镜像

按 Ctrl+A 键，选择全部对象，单击【修改】工具栏上的【镜像】按钮 ⚎ ，捕捉绘制外框右侧上部水平线的端点单击，如图 3.19(a)所示；然后捕捉绘制外框右侧下部斜线上的端点单击，如图 3.19(b)所示，按 Enter 键后完成图形的绘制。

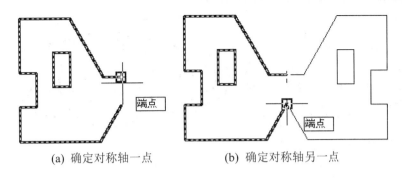

(a) 确定对称轴一点　　　　　　(b) 确定对称轴另一点

图 3.19　镜像图形

3.3.3　知识总结——镜像

镜像是指将对象以某一直线为对称轴来对称复制图像。

镜像命令对于创建对称对象非常有用，因为只需绘制一半对象，而不必绘制完整对象。执行镜像命令，要指定临时对称轴，可以在绘图窗口指定两点，其连线作为对称轴，然后选择是删除源对象还是保留源对象。

单击【修改】工具栏上的【镜像】按钮 ⚠，在命令行出现如下提示。

选择对象：使用对象选择方法并按 Enter 键结束命令。
指定镜像线的第一点：指定点(1)。
指定镜像线的第二点：指定点(2)。
要删除源对象吗？[是(Y)/否(N)] <否>：输入 y 或 n，或按 Enter 键。

> **提示**：指定的两个点将成为对称轴的两个端点，选定对象对称于这两点连成的直线镜像。

各选项的含义如下。

● 是(Y)：将镜像的图像放置到图形中并删除原始对象，如图 3.20 所示。

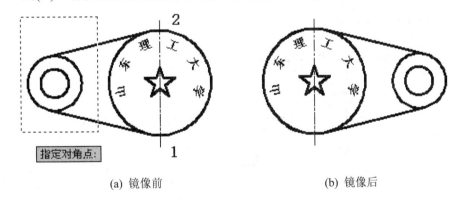

(a) 镜像前　　　　　　　　　　(b) 镜像后

图 3.20　镜像(Y)

● 否(N)：将镜像的图像放置到图形中并保留原始对象，如图 3.21 所示。

要处理文字对象的镜像特性，需要使用 mirrtext 系统变量。mirrtext 默认设置为 1(开)，这将导致文字对象同其他对象一样被镜像处理。mirrtext 设置为 0(关)时，文字将不进行反转，如图 3.22 所示。有关文字输入的方法将在后面介绍。

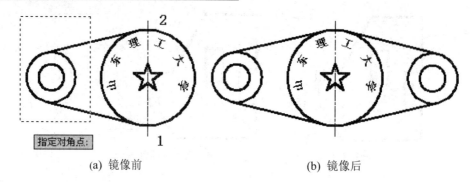

(a) 镜像前　　　　　　　　　　　　(b) 镜像后

图 3.21　镜像(N)

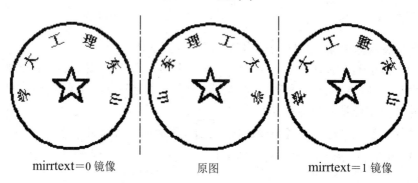

mirrtext＝0 镜像　　　　　　　原图　　　　　　mirrtext＝1 镜像

图 3.22　镜像文字

3.4　倒角和圆角

3.4.1　案例介绍及知识要点

绘制如图 3.23 所示的图形。

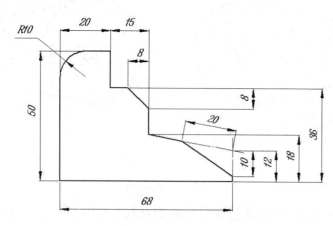

图 3.23　使用倒角和圆角绘制图形

知识点：

● 掌握倒角命令的使用方法。

● 掌握圆角命令的使用方法。

3.4.2 操作步骤

1. 新建文件

新建文件"倒角和圆角"。

2. 绘制外框图形

单击【绘图】工具栏上的【直线】按钮 ，在绘图窗口中的合适位置单击鼠标指定一点，作为图形的起点；然后利用极轴追踪输入距离方式，按图 3.24 所标注的尺寸，绘制外框图。

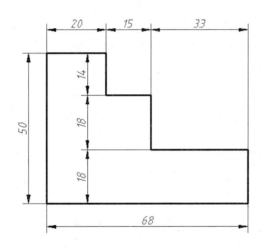

图 3.24 外框图尺寸

3. 绘制倒角

(1) 单击【修改】工具栏上的【倒角】按钮 ，输入字母 D 后按 Enter 键，输入数值 33 后按 Enter 键，输入数值 6 后按 Enter 键，在绘图窗口中单击图 3.25(a)所示的图线，出现如图 3.25(b)所示的图形，完成 33×6 倒角绘制。

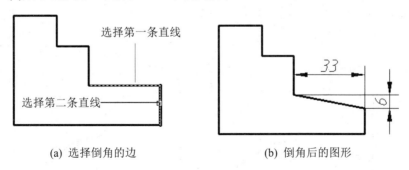

(a) 选择倒角的边   (b) 倒角后的图形

图 3.25 绘制 33×6 倒角

(2) 单击【修改】工具栏上的【倒角】按钮 ，输入字母 D 后按 Enter 键，输入数值 20 后按 Enter 键，输入数值 10 后按 Enter 键，在绘图窗口单击图 3.26(a)所示的图线，出现如图 3.26(b)所示的图形，完成 20×10 倒角绘制。

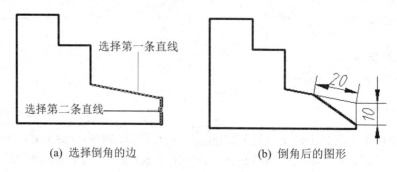

(a) 选择倒角的边　　　　　(b) 倒角后的图形

图 3.26　绘制 20×10 倒角

(3) 单击【修改】工具栏上的【倒角】按钮，输入字母 A 后按 Enter 键，输入数值 8 后按 Enter 键，输入数值 45 后按 Enter 键，在绘图窗口分别单击图 3.27(a)所示的图线，出现如图 3.27(b)所示的图形，完成 8×45° 倒角绘制。

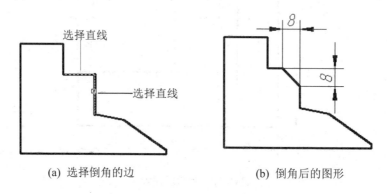

(a) 选择倒角的边　　　　　(b) 倒角后的图形

图 3.27　绘制 8×45° 倒角

4. 绘制圆角

单击【修改】工具栏上的【圆角】按钮，输入字母 R 后按 Enter 键，输入数据 10 后按 Enter 键，绘制半径为 10mm 的圆角；在绘图窗口分别单击图 3.28(a)所示的图线，出现如图 3.28(b)所示的图形，完成 R10 圆角绘制。

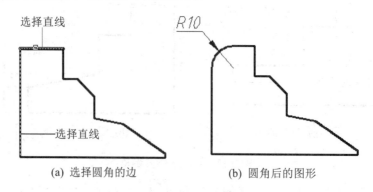

(a) 选择圆角的边　　　　　(b) 圆角后的图形

图 3.28　绘制 R10 圆角

3.4.3 知识总结——倒角

倒角使用成角度的直线连接两个对象，它通常用于表示角点上的两边线。可以倒角的对象有：直线、多段线、射线、构造线及三维实体。

单击【修改】工具栏上的【倒角】按钮，在命令行出现如下提示。

```
命令: _chamfer
("修剪"模式) 当前倒角距离 1 = 当前，距离 2 = 当前
选择第一条直线或 [放弃(U)/多段线(P)/距离(D)/角度(A)/修剪(T)/方式(E)/多个(M)]：选择对象或输入
选项。
选择第二条直线，或按住 Shift 键选择要应用角点的直线:选择对象或按住 Shift 键并选择对象。
```

其中各选项的含义如下。

- 选择第一条直线：指定定义二维倒角所需的两条边中的第一条边或要倒角的三维实体的边。
- 选择第二条直线，或按住 Shift 键选择要应用角点的直线：选择直线或多段线，它们的长度将调整以适应倒角线。选择对象时可以按住 Shift 键，用 0 值替代当前的倒角距离，如图 3.29 所示。如果选定对象是二维多段线的直线段，它们必须相邻或只能用一条线段分开。如果它们被另一条多段线分开，执行倒角命令将删除分开它们的线段并代之以倒角。
- 放弃(U)：输入字母 U，恢复在命令中执行的上一个操作。
- 多段线(P)：输入字母 P，对整个二维多段线进行倒角。按 Enter 键后，命令行出现如下提示。

   ```
   选择二维多段线：相交多段线线段在每个多段线顶点被倒角。 倒角成为多段线的新线段。
   ```

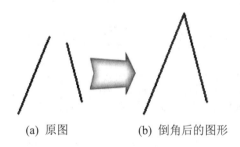

(a) 原图　　　　　(b) 倒角后的图形

图 3.29　倒角距离为 0

> **提示：** 如果多段线包含的线段过短以至于无法容纳倒角距离，则不对这些线段倒角。

- 距离(D)：输入字母 D，设置倒角至选定边端点的距离。按 Enter 键后，命令行出现如下提示。

   ```
   指定第一个倒角距离 <当前>：输入长度数值。
   指定第二个倒角距离 <当前>：输入长度数值。
   ```

> **提示：** 如果将两个距离都设置为零，修剪命令将延伸或修剪两条直线，它们终止于同一点。

- 角度(A)：输入字母 A，用第一条线的倒角距离和第二条线的角度设置倒角距离。按 Enter 键后，命令行出现如下提示。

  指定第一条直线的倒角长度 <当前>：输入长度数值。
  指定第一条直线的倒角角度 <当前>：输入角度数值。

- 修剪(T)：输入字母 T，控制修剪命令是否将选定的边修剪到倒角直线的端点。按 Enter 键后，命令行出现如下提示。

  输入修剪模式选项 [修剪(T)/不修剪(N)] <当前>：确定模式。

- 方式(E)：输入字母 E，控制修剪命令使用距离×距离方式还是距离×角度方式来创建倒角。按 Enter 键后，命令行出现如下提示。

  输入修剪方法 [距离(D)/角度(A)] <当前>：选择修剪的方法。

- 多个(M)：输入字母 M，为多组对象的边倒角。倒角命令将重复显示主提示和"选择第二个对象"提示，直到按 Enter 键结束命令。
- 选择第二条直线，或按住 Shift 键选择要应用角点的直线：选择直线或多段线，它们的长度将自动调整以适应倒角线。选择对象时可以按住 Shift 键，用 0 值替代当前的倒角距离，如图 3.29 所示。如果选定对象是二维多段线的直线段，它们必须相邻或只能用一条线段分开。如果它们被另一条多段线分开，执行倒角命令将删除分开它们的线段并代之以倒角。

3.4.4　知识总结——圆角

在机械零件中有圆角过渡等工艺结构，使用 AutoCAD 软件中的圆角命令，可以用指定半径的圆弧将两个对象连接，并与之相切。内圆角与外圆角均可使用 fillet(圆角)命令创建。

可以进行圆角的对象有：圆弧、圆、椭圆、椭圆弧、直线、多段线、射线、样条曲线、构造线和三维实体等。

单击【修改】工具栏上的【圆角】按钮，命令行将出现如下提示。

命令：_fillet
当前设置：模式 = 当前修剪模式，半径 = 当前半径值
选择第一个对象或 [放弃(U)/多段线(P)/半径(R)/修剪(T)/多个(M)]：选择创建二维圆角中的第一个对象。
选择第二个对象，或按住 Shift 键选择要应用角点的对象：选择创建二维圆角中的第二个对象或按住 Shift 键选择第二个对象，使两延伸直线相交。

提示：如果选择直线、圆弧或多段线，它们的长度将自动进行调整以适应圆角弧度。

各选项说明如下。
- 多段线(P)：在二维多段线中两条线段相交的每个顶点处插入圆角弧。

  选择二维多段线：选择二维多段线，则所有的连接的交点都执行圆角命令。

- 半径(R)：定义圆角弧的半径，输入字母 R 后按 Enter 键，命令行会出现如下提示。

  指定圆角半径 <当前半径>：指定距离或按 Enter 键；输入的值将成为后续 FILLET 命令的当前半径。修改此值并不影响现有的圆角弧。

- 修剪(T)：控制 fillet 命令是否将选定的边修剪到圆角弧的端点。
- 多个(M)：给多个对象集加圆角。fillet 命令将重复显示主提示和"选择第二个对

象"提示，直到按 Enter 键结束命令。

选择对象可以为平行直线、参照线和射线圆角。临时调整当前圆角半径以创建与两个对象相切且位于两个对象的共有平面上的圆弧。第一个选定对象必须是直线或射线，第二个对象可以是直线、构造线或射线。圆角弧的连接样式如图 3.30 所示。

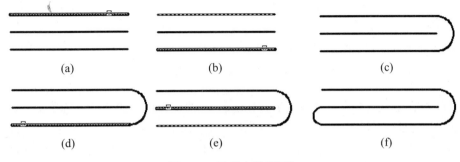

(a) (b) (c)

(d) (e) (f)

图 3.30 平行直线倒圆角

绘制如图 3.30(f)所示图形的步骤如下。

```
命令：_fillet
当前设置：模式 = 修剪，半径 = 0.0000
选择第一个对象或 [放弃(U)/多段线(P)/半径(R)/修剪(T)/多个(M)]：输入 m，做多个圆角。
选择第一个对象或 [放弃(U)/多段线(P)/半径(R)/修剪(T)/多个(M)]：选择一个对象，如图 3.30(a)所示。
选择第二个对象，或按住 Shift 键选择要应用角点的对象。选择第二个对象，如图 3.30(b)所示，得到的图
形如图 3.30(c)所示。
选择第一个对象或 [放弃(U)/多段线(P)/半径(R)/修剪(T)/多个(M)]：选择一个对象，如图 3.30(d)所示。
选择第二个对象，或按住 Shift 键选择要应用角点的对象：选择第二个对象，如图 3.30(e)所示。
选择第一个对象或 [放弃(U)/多段线(P)/半径(R)/修剪(T)/多个(M)]：按 Enter 键结束，如图 3.30(f)所示。
```

3.5 移 动 对 象

3.5.1 案例介绍及知识要点

绘制如图 3.31 所示的图形。

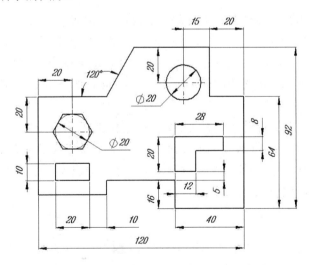

图 3.31 移动对象

知识点：

掌握移动命令的使用方法。

3.5.2　操作步骤

1. 新建文件

新建文件"移动对象"，将极轴角设置为30°。

2. 绘制外框

单击【绘图】工具栏上的【直线】按钮 ，在绘图窗口中的合适位置单击鼠标确定 A 点，按照图 3.32(a)所示尺寸，利用极轴追踪输入距离法绘制图形；向上移动光标，在如图 3.32(b)所示位置，单击鼠标确定点；输入字母 C 后按 Enter 键完成外框的绘制。

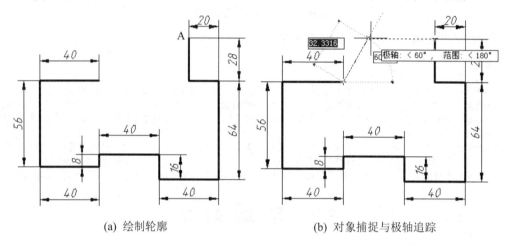

(a) 绘制轮廓　　　　　　　　　　(b) 对象捕捉与极轴追踪

图 3.32　绘制外框

3. 绘制内部图形

(1) 单击【绘图】工具栏上的【圆】按钮 ，捕捉 A 点单击作为圆心，输入半径 10 后按 Enter 键，如图 3.33(a)所示，完成 $\phi20$ 圆的绘制；单击【绘图】工具栏上的【多边形】按钮 ，输入边数的数值 6 后按 Enter 键，捕捉 B 点单击作为六边形的中心点，输入字母 I 后按 Enter 键，输入六边形对角距的一半 10 后按 Enter 键，如图 3.33(b)所示，完成六边形的绘制。

(2) 单击【绘图】工具栏上的【直线】按钮 ，在绘图窗口中绘制的图框外单击鼠标指定一点，按照图 3.34(a)所示尺寸，绘制"L"形状；单击【绘图】工具栏上的【矩形】按钮 ，在绘图窗口中绘制的图框外单击鼠标指定矩形起点，输入数据(20,10)，按 Enter 键完成矩形的绘制，如图 3.34(b)所示。

4. 移动图形

(1) 单击【修改】工具栏上的【移动】按钮 ，单击六边形，按 Enter 键完成对象选择，选择六边形的中心点 B 作为基点，输入位移距离(20,−20)后按 Enter 键，将六边形移动到要求位置，如图 3.35(a)所示；选择 ϕ20 圆，单击圆心夹点，水平向左移动光标，如图 3.35(b)所示，输入数值 15 后按 Enter 键完成水平移动；再次单击圆心夹点使之变为热点，竖直向下移动光标，如图 3.35(c)所示，输入数值 20 后按 Enter 键完成向下移动，将圆移动到要求位置。

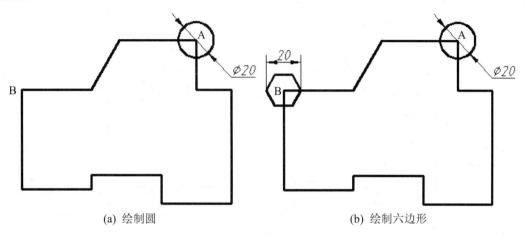

(a) 绘制圆　　　　　　　　　　　　　　(b) 绘制六边形

图 3.33　绘制圆和六边形

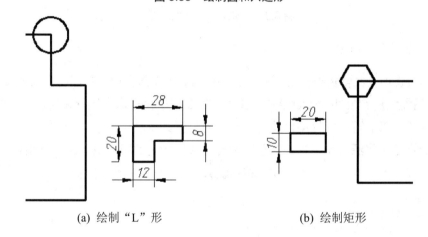

(a) 绘制"L"形　　　　　　　　　　(b) 绘制矩形

图 3.34　绘制"L"形和矩形

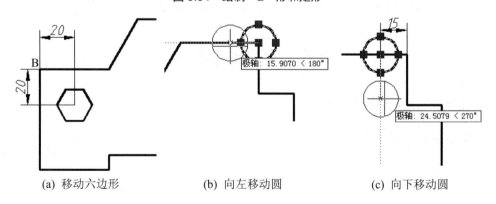

(a) 移动六边形　　　　　(b) 向左移动圆　　　　　(c) 向下移动圆

图 3.35　移动六边形和圆

(2) 单击【修改】工具栏上的【移动】按钮 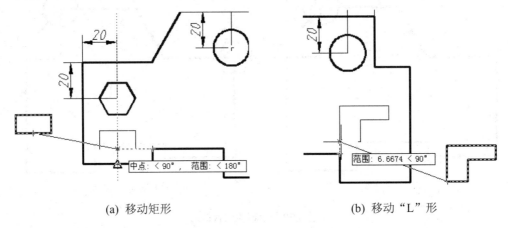，单击矩形后按 Enter 键完成对象选择，选择矩形底边中点作为基点，利用对象捕捉追踪方式，如图 3.36(a)所示，单击鼠标，将矩形移动到要求位置；按 Enter 键重复【移动】命令，选择"L"形所有图线，按 Enter 键完成对象选择，单击"L"形左下角点作为基点，利用对象捕捉追踪方式，如图 3.36(b)所示，输入数据 6 并按 Enter 键完成"L"形的移动绘制。

(a) 移动矩形　　　　　　　　　　(b) 移动"L"形

图 3.36　移动矩形和"L"形

3.5.3　知识总结——移动

在工程制图时，经常需要改变某些实体的位置，手工绘图时，只能将先前的实体擦掉，再在新的位置重新绘制；用 AutoCAD 绘图时，只要使用移动命令进行调整即可。也可以先绘制辅助图线，然后再进行移动，放置到合适的位置。

移动命令是指将源对象以指定的角度和方向移动指定的距离或者移动到指定的位置。

单击【修改】工具栏上的【移动】按钮 ，会出现如下所示的提示。

命令：_move
选择对象：选择移动的对象。
选择对象：继续选择或者按 Enter 键结束选择。
指定基点或 [位移(D)] <位移>：指定移动的基准点。
指定第二个点或 <使用第一个点作为位移>：指定移动到的位置，完成移动。

3.6　复制对象

3.6.1　案例介绍及知识要点

绘制如图 3.37 所示的图形。

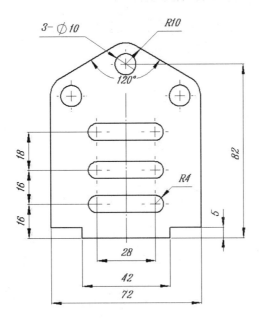

图 3.37　复制对象

知识点：

掌握复制命令的使用。

3.6.2　操作步骤

1. 新建文件

新建文件"复制对象"，将极轴角设置为 30°。

2. 绘制外框

(1)　单击【绘图】工具栏上的【直线】按钮 ，在绘图窗口，先绘制长 72mm 的水平线，如图 3.38(a)所示；然后利用对象捕捉追踪方式，在如图 3.38(b)所示位置确定中点和极轴交点单击鼠标，确定顶点，输入字母 C 按 Enter 键完成绘制；删除下面 72 长的辅助线；如图 3.38(c)所示。

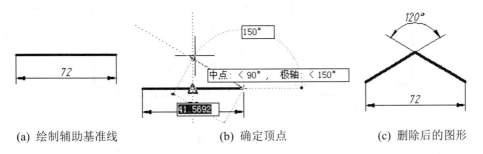

(a)　绘制辅助基准线　　　　　　(b)　确定顶点　　　　　　(c)　删除后的图形

图 3.38　绘制 120° 斜线

(2)　单击【修改】工具栏上的【圆角】按钮 ，输入字母 R 按 Enter 键，输入数据 10 按 Enter 键，绘制半径为 10mm 的圆角，分别单击绘制 120° 角的两条斜线，完成圆角，如

图 3.39(a)所示；单击【绘图】工具栏上的【直线】按钮，捕捉圆弧的圆心然后向下移动光标，如图 3.39(b)所示，输入数据 82 按 Enter 键确定起点；利用直接输入距离数值法绘制如图 3.39(c)所示图形。

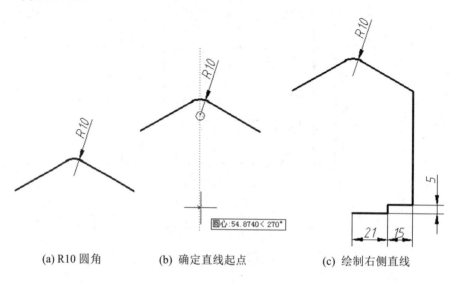

(a) R10 圆角   (b) 确定直线起点   (c) 绘制右侧直线

图 3.39　绘制右侧图线

（3）单击【修改】工具栏上的【镜像】按钮，选择上一步绘制的直线后按 Enter 键，分别单击 R10 圆心和 21mm 水平线的端点，按 Enter 键完成镜像，如图 3.40(a)所示；单击【修改】工具栏上的【圆角】按钮，输入字母 R 按 Enter 键，输入数据 10 按 Enter 键，绘制半径为 10mm 的圆角，输入字母 M 按 Enter 键，分别单击绘制 120°角的斜线和其相连的竖直线，完成两个圆角，如图 3.40(b)所示。

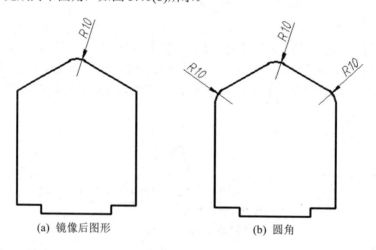

(a) 镜像后图形   (b) 圆角

图 3.40　绘制外框

3．绘制圆和槽孔

（1）单击【绘图】工具栏上的【圆】按钮，在绘图窗口单击上方 R10 圆弧的圆心作为圆心，输入半径 5 按 Enter 键完成圆的绘制，如图 3.41 所示。

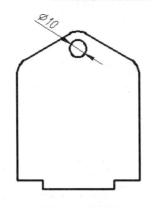

图 3.41　绘制圆

(2) 单击【绘图】工具栏上的【直线】按钮 ，使用"捕捉自" 方式，将左下角点作为基点，输入数据((@22,11)按 Enter 键确定辅助线起点，水平移动光标，输入数值 28，按 Enter 键确定辅助线的端点，按 Esc 键完成辅助线绘制，如图 3.42(a)所示；单击【修改】工具栏上的【偏移】按钮 ，输入数值 4 按 Enter 键，单击 28mm 直线，分别向两侧偏移 4mm，删除中间的辅助线，如图 3.42(b)所示；单击【修改】工具栏上的【圆角】按钮 ，输入字母 M 按 Enter 键，分别单击两条直线的左端，再单击两条直线的右端，两端都绘制出半圆，如图 3.42(c)所示。

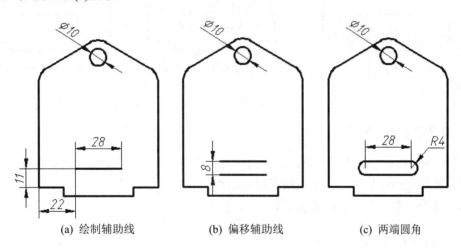

(a) 绘制辅助线　　　　　　　(b) 偏移辅助线　　　　　　　(c) 两端圆角

图 3.42　绘制槽孔

4. 复制圆和槽孔

(1) 单击【修改】工具栏上的【复制】按钮 ，单击圆后按 Enter 键完成对象的选择，单击其圆心，移动光标分别单击另外两段 R10 圆弧的圆心，如图 3.43 所示。

(2) 选择槽孔的 4 段图线，单击【修改】工具栏上的【复制】按钮 ，可以单击槽孔附近任意合适位置作为基点，如图 3.44(a)所示以 A 点作为基点；向上移动光标，如图 3.44(b)所示，输入数据 16 按 Enter 键完成向上复制第 1 个槽孔；继续向上移动光标，如图 3.44(c)所示，输入数值 34 按 Enter 键完成向上复制第 2 个槽孔。

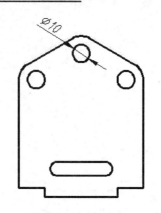

图 3.43　复制圆

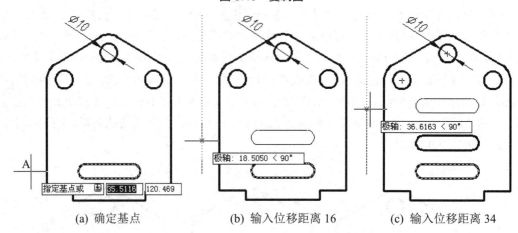

(a) 确定基点　　　　　　　　(b) 输入位移距离 16　　　　　(c) 输入位移距离 34

图 3.44　复制槽孔

3.6.3　知识总结——复制

复制(copy)命令是指从源对象以指定的角度和方向创建对象的副本,复制命令连续将选定的对象粘贴到指定位置,直至按回车键退出复制命令。

单击【修改】工具栏上的【复制】按钮 。

命令: _copy
选择对象: 选择要复制的对象。
选择对象: 继续选择要复制的对象或者按 Enter 键结束选择。
指定基点或 [位移(D)] <位移>: 指定复制的对象移动的基准点。
指定第二个点或 [退出(E)/放弃(U)] <退出>: 指定要粘贴的位置。
指定第二个点或 [退出(E)/放弃(U)] <退出>: 继续指定位置复制或者按 Enter 键结束复制命令。

3.7　旋 转 对 象

3.7.1　案例介绍及知识要点

绘制如图 3.45 所示的图形。

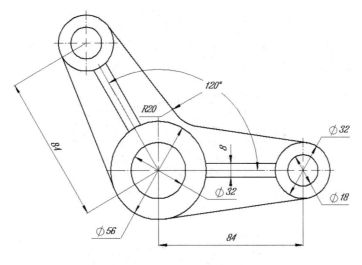

图 3.45 旋转对象

知识点：

掌握旋转命令的使用。

3.7.2 操作步骤

1. 新建文件

新建文件"旋转对象"，将极轴角设置为 30°。

2. 绘制水平部分的图形

(1) 单击【绘图】工具栏上的【圆】按钮 ⊙，根据给定尺寸，绘制 ϕ56、ϕ32、ϕ32、ϕ18 的 4 个圆，如图 3.46(a)所示；单击【绘图】工具栏上的【直线】按钮 ／，绘制中心线辅助线和上下 2 条切线，如图 3.46(b)所示。

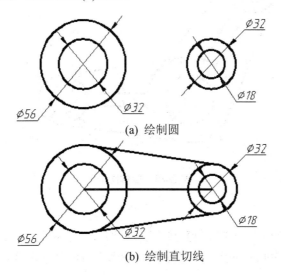

(a) 绘制圆

(b) 绘制直切线

图 3.46 绘制圆和切线

(2) 单击【修改】工具栏上的【偏移】按钮，输入数值 4 按 Enter 键，单击中心线辅助线，分别向两侧偏移 4mm，删除中间辅助线，如图 3.47(a)所示；单击【修改】工具栏上的【修剪】按钮，修剪掉多余图线，如图 3.47(b)所示。

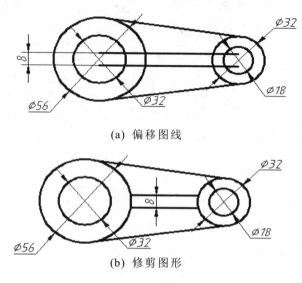

(a) 偏移图线

(b) 修剪图形

图 3.47　整理图形

3. 旋转图形

单击【修改】工具栏上的【旋转】按钮，选择中间 4 条直线和右侧 2 个圆，按 Enter 键完成选择，单击 φ56 圆心作为基点，输入字母 C 按 Enter 键，确定为复制对象旋转，输入数据 120 按 Enter 键完成复制对象旋转，如图 3.48 所示。

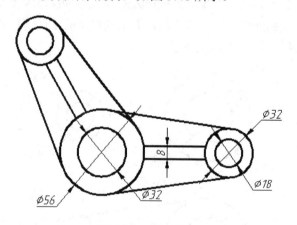

图 3.48　旋转图形

4. 整理图形

单击【修改】工具栏上的【圆角】按钮，输入字母 R 按 Enter 键，输入数据 20 按 Enter 键，绘制半径为 20mm 的圆角，分别单击图形上方的 2 条斜线，完成圆角，如图 3.49 所示。

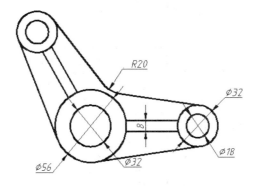

图 3.49　整理图形

3.7.3　知识总结——旋转

在制图中，需要绘制斜视图、斜剖视图，有时候还需要把其旋转一个角度，绘制时不是很方便，在 AutoCAD 绘图中可以用旋转命令，将水平或垂直位置的图形旋转一定的角度，达到倾斜要求。

旋转是指图形中的对象绕指定基点旋转一定角度，要确定旋转的角度，需要输入角度值，或者使用光标将其拖动到一定位置，也可以指定参照角度，以便与绝对角度对齐。

输入旋转角度值(0～±360)，按照默认【图形单位】对话框中的【方向控制】设置，输入正角度值可按逆时针方向旋转对象；输入负角度值可按顺时针方向旋转对象。

单击【修改】工具栏上的【旋转】按钮　。

```
命令：_rotate
UCS 当前的正角方向：ANGDIR=逆时针  ANGBASE=0
选择对象：使用对象选择方法完成选择
选择对象：按 Enter 键完成选择
指定基点：指定旋转的基点
指定旋转角度，或 [复制(C)/参照(R)] <当前>：指定角度或输入选项；
```

各选项功能说明如下。

● 旋转角度：决定对象绕基点旋转的角度。旋转轴通过指定的基点，并且平行于当前 UCS 坐标系的 Z 轴。

● 复制(C)：创建要旋转的选定对象的副本，旋转后不删除原来的对象。

● 参照(R)：将对象从指定的角度旋转到新的绝对角度，命令行出现如下提示。

```
指定参照角度 <上一个参照角度>：通过输入值或指定两点来指定角度。
指定新角度或 [点(P)] <上一个新角度>：通过输入值或指定两点来指定新的绝对角度。
```

3.8　拉　伸　对　象

3.8.1　案例介绍及知识要点

绘制如图 3.50 所示的图形。

知识点：

掌握拉伸命令的使用。

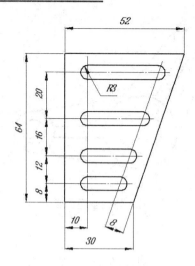

图 3.50　拉伸对象

3.8.2　操作步骤

1. 新建文件

新建文件"拉伸对象"。

2. 绘制外框和底部槽孔

(1) 单击【绘图】工具栏上的【直线】按钮 ，根据图 3.51(a)所示尺寸，绘制图形外框；单击【修改】工具栏上的【偏移】按钮 ，将左侧竖直线向内偏移 10mm，下面水平线和右侧斜线向内偏移 8mm，如图 3.51(b)所示，确定基准线；单击【修改】工具栏上的【修剪】按钮 ，修剪掉部分图线，如图 3.51(c)所示。

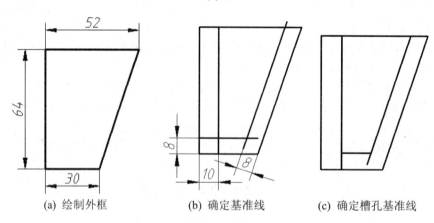

(a) 绘制外框　　　　(b) 确定基准线　　　　(c) 确定槽孔基准线

图 3.51　绘制外框和基准线

(2) 单击【修改】工具栏上的【偏移】按钮 ，输入数值 3 后按 Enter 键，将槽孔基准线分别向两侧偏移 3mm，删除槽孔基准线，如图 3.52(a)所示；单击【修改】工具栏上的【圆角】按钮 ，输入字母 M 后按 Enter 键，分别单击偏移得到 2 条直线的左端，再单击 2 直线右端，两端都绘制出半圆，如图 3.52(b)所示。

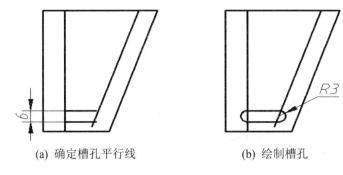

(a) 确定槽孔平行线   (b) 绘制槽孔

图 3.52　绘制底部槽孔

3. 复制槽孔

选择槽孔的图线共 4 个对象，单击【修改】工具栏上的【复制】按钮，可以单击槽孔附近任意合适位置作为基点，向上移动光标，分别输入数据 12、28 和 48，然后按 Enter 键完成向上复制的 3 个槽孔，如图 3.53 所示。

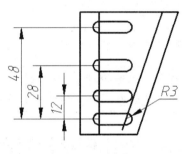

图 3.53　复制槽孔

4. 拉伸槽孔

单击【修改】工具栏上的【拉伸】按钮，采用交叉窗口选择方式，如图 3.54(a)所示，在 A 处单击鼠标，移动光标到 B 处单击，按 Enter 键，单击右侧圆弧的圆心，水平移动光标到右侧斜基准线交点，如图 3.54(b)所示，单击鼠标完成拉伸图形；用同样的方式拉伸其他 2 个槽孔，如图 3.54(c)所示。

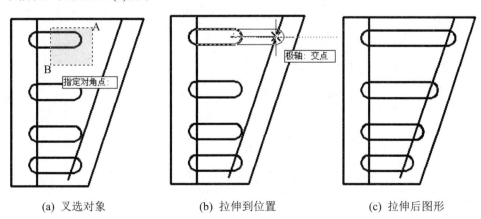

(a) 叉选对象　　　　　　　　(b) 拉伸到位置　　　　　　　　(c) 拉伸后图形

图 3.54　拉伸图形

5. 整理图形

删除基准线，整理图形。

3.8.3 知识总结——拉伸

当绘制完的实体长度需要改变，或部分实体的位置需要改变，而与之相关联的实体长度也要随之变长或变短时，不必重新绘制实体，用 AutoCAD 中的拉伸命令就可以轻松地进行修改，调整对象大小使其在一个方向上按比例增大或缩小。使用拉伸命令时，必须用交叉多边形或交叉窗口的方式来选择对象，如果将对象全部选中，则该命令相当于 move 命令；如果选择了部分对象，则拉伸命令只移动选择范围内的对象的端点，而其他端点保持不变。可用于拉伸命令的对象包括圆弧、椭圆弧、直线、多段线、射线和样条曲线等。

单击【修改】工具栏上的【拉伸】按钮 。

```
命令: _stretch
以交叉窗口或交叉多边形选择要拉伸的对象...
选择对象: 以交叉窗口或交叉多边形选择要拉伸的对象
选择对象: 继续选择或者按 Enter 键结束选择;
指定基点或 [位移(D)] <位移>: 确定要拉伸对象的基准点;
指定第二个点或 <使用第一个点作为位移>: 指定要拉伸到的位置点, 即可完成。
```

> 提示：拉伸命令既可以延长对象也可以缩短对象。如果拉伸的图线带尺寸标注或者有关联填充，其尺寸数字和填充都随之改变为拉伸后的实际大小。

3.9 按比例缩放对象

3.9.1 案例介绍及知识要点

绘制如图 3.55 所示的图形。

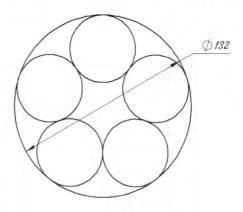

图 3.55 比例缩放对象

知识点：

掌握比例缩放命令的使用。

3.9.2 操作步骤

1. 新建文件

新建文件"比例缩放对象"。

2. 绘制正五边形

(1) 单击【绘图】工具栏上的【正多边形】按钮 ⬠，在绘图窗口合适位置，绘制任意大小的正五边形，如图 3.56 所示。

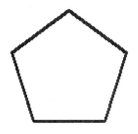

图 3.56 绘制五边形

(2) 单击【绘图】工具栏上的【圆】按钮 ⊘，以五边形的顶点为圆心，五边形的边长一半为半径，绘制圆，如图 3.57(a)所示；单击【修改】工具栏上的【复制】按钮 ⌗，单击圆后按 Enter 键完成对象的选择，单击其圆心，分别单击五边形其余 4 个顶点，如图 3.57(b)所示，完成圆的复制。

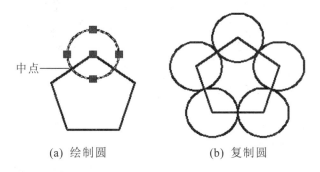

中点

(a) 绘制圆   (b) 复制圆

图 3.57 绘制 5 个圆

(3) 选择【绘图】|【圆】|【相切、相切、相切】命令，将光标分别靠近外部 5 个圆任意 3 个圆外侧，出现切点标记，单击鼠标，完成外圆的绘制，如图 3.58 所示。

3. 比例缩放

单击五边形，按 Delete 键删除；单击【修改】工具栏上的【缩放】按钮 ⬜，选择全部对象，按 Enter 键完成选择，单击大圆的圆心作为基点，输入字母 R 后按 Enter 键，分别单击大圆的左右 2 个象限点，作为参照长度，输入数据 132 按 Enter 键，完成缩放，如图 3.59 所示。

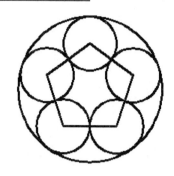

图 3.58　绘制外圆

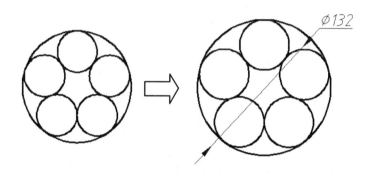

图 3.59　按比例缩放

3.9.3　知识总结——按比例缩放

绘制局部放大图时，要将图形按照放大的比例绘制，AutoCAD 提供的缩放命令，可以完成按比例缩放操作。利用按比例缩放功能可以将选中的对象以指定基点成比例缩放，选中对象按统一比例放大和缩小或按照指定长度缩放。按比例缩放分为两种：比例因子缩放、参照缩放。

单击【修改】工具栏上的【缩放】按钮 。

命令：_scale
选择对象：利用选择方式选择要缩放的对象；
选择对象：按 Enter 键完成选择；
指定基点：指定缩放的基点(缩放的中心点)；
指定比例因子或 [复制(C)/参照(R)] <2.0000>：输入比例即可完成，另外也可选择选项

缩放命令的选项功能说明如下。

● 指定比例因子：按指定的比例缩放选定对象。大于 1 的比例因子使对象放大；介于 0 和 1 之间的比例因子使对象缩小。另外还可拖动鼠标使对象任意变大或变小。

● 复制(C)：创建要缩放的选定对象的副本。

● 参照(R)：按参照长度和指定的新长度缩放所选对象。命令行会出现如下提示。

指定参照长度 <1>：指定缩放选定对象的起始长度 ；
指定新的长度或 [点(P)]：指定将选定对象缩放到的最终长度，或输入 p，使用两点来定义长度。

3.10 打 断 对 象

3.10.1 案例介绍及知识要点

绘制如图 3.60 所示的图形。

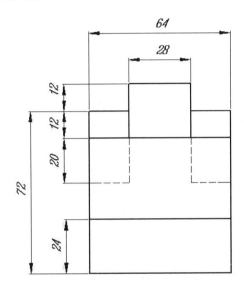

图 3.60 打断对象

知识点:

● 掌握打断命令的使用。
● 掌握分解命令的使用。

3.10.2 操作步骤

1. 新建文件

新建文件"打断对象"。

2. 绘制基础图形

(1) 单击【绘图】工具栏上的【矩形】按钮 ，在绘图窗口合适位置单击鼠标指定矩形起点，输入数据(64,72)，按 Enter 键完成矩形的绘制，如图 3.61(a)所示；按 Enter 键重复执行矩形命令，利用"捕捉自" 选择矩形上水平线中点为基点，输入(@-14,12)按 Enter 键确定起点，输入(28,-44)后按 Enter 键，完成矩形的绘制，如图 3.61(b)所示。

(2) 单击【修改】工具栏上的【分解】按钮，选择 2 个矩形后按 Enter 键，完成分解；单击【修改】工具栏上的【偏移】按钮，将下面 64mm 水平线向上偏移 24，上面 64mm 水平线向下偏移 12，如图 3.62 所示。

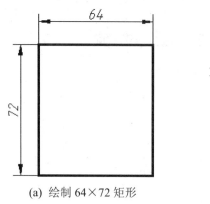 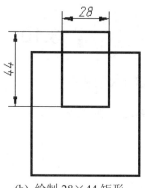

(a) 绘制 64×72 矩形 (b) 绘制 28×44 矩形

图 3.61 绘制矩形

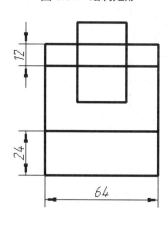

图 3.62 偏移图线

3. 修剪直线

单击【修改】工具栏上的【修剪】按钮，在绘图窗口选择 4 条竖直线为边界，按 Enter 键完成选择；按住 Shift 键不放，如图 3.63(a)所示，将光标移动到标注 28 尺寸的水平线左侧，单击此直线，再移动到右侧单击此直线，完成延伸，如图 3.63(b)所示；松开 Shift 键，将光标移动到要删除的图线，单击鼠标删除图线，如图 3.63(c)所示，完成图形修剪。

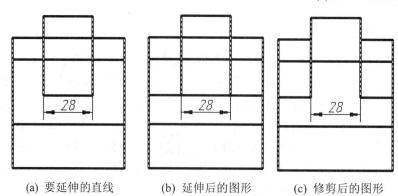

(a) 要延伸的直线 (b) 延伸后的图形 (c) 修剪后的图形

图 3.63 修剪图线

4. 整理图形

(1) 单击【修改】工具栏上的【打断】按钮 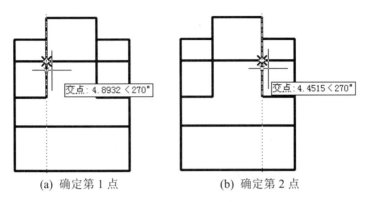，单击选择左侧 44mm 长竖直线，输入字母 F 按 Enter 键，单击如图 3.64(a)所示的交点，输入@后按 Enter 键将此竖直线分成 2 段；单击【修改】工具栏上的【打断于点】按钮 ，单击选择右侧 44mm 长竖直线，单击如图 3.64(b)所示交点，将此竖直线分成 2 段。

(a) 确定第 1 点   (b) 确定第 2 点

图 3.64　打断图线

(2) 单击对象特性工具栏的【线型控制】工具，如图 3.65(a)所示，单击"其他"出现【线型管理器】对话框，如图 3.65(b)所示，单击"加载"按钮，弹出【加载或重载线型】对话框，如图 3.65(c)所示，单击可用线型中的"DASHED"线型，在【线型管理器】对话框中选择"DASHED"线型，单击确定按钮；在对象特性工具栏的【线型控制】中，会增加"DASHED"线型。

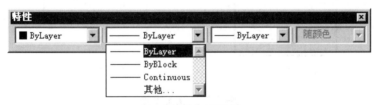

(a)　【特性】工具栏

(b)　线型管理器

图 3.65　各种工具栏

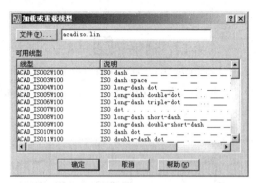

(c) 加载或重载线型

图 3.65　(续)

（3）选择 4 段图线，如图 3.66(a)所示；单击对象特性工具栏的【线型控制】，选择"DASHED"线型，图线发生变化，成为虚线，如图 3.66(b)所示，完成图形。

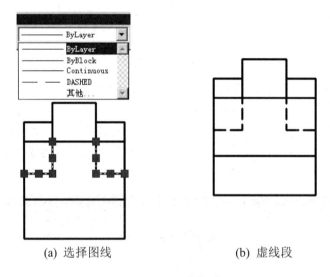

(a) 选择图线　　　　　　　(b) 虚线段

图 3.66　改变线型

3.10.3　知识总结——打断

可以将一个对象打断为两个对象，将对象上指定两点之间的部分删除，对象之间可以有间隙，当指定的两点相同时，没有间隙。可以在大多数几何对象上执行打断命令这些对象包括直线、圆弧、圆、多段线、椭圆、样条曲线和圆环等。打断命令分为两种：打断和打断于点。

单击【修改】工具栏上的【打断】按钮 。

命令：_break 选择对象：使用点选方法选择一个对象，系统会将选择点作为第一断点。
指定第二个打断点 或 [第一点(F)]：指定第二个打断点或输入"第一点(F)"选项。
指定第二个打断点：指定用于打断对象的第二个点。

打断命令各选项功能说明如下。

第一点(F)：用指定的新点替换原来的第一个打断点。则命令行显示如下。

指定第一个打断点：指定第一个打断点。
指定第二个打断点：指定第二个打断点。

> **提示：** 使用打断命令，两个指定点之间的对象部分将被删除。如果第二个点不在对象上，将选择在对象上与该点最接近的点，因此要删除直线、圆弧或多段线的一端，应在要删除的一端附近指定第二个打断点。
>
> 如果要准确删除两点之间的图线，需要重新确定第一点和第二点的位置。

要将对象一分为二并且不删除某个部分，则应使第一个和第二个打断点相同。通过输入@按 Enter 键完成第二个点的指定。

圆弧、圆、多段线、椭圆、样条曲线、圆环以及其他几种对象类型都可以被拆分为两个对象或将其中某个对象的一端删除。对于圆，程序将按逆时针方向删除圆上第一个打断点到第二个打断点之间的部分，从而将圆转换成圆弧。

3.10.4　知识总结——打断于点

打断对象时，若需要打断的中间没有间隙，在使用打断命令时，输入符号@可以变成两个对象，【打断于点】是自动完成输入"第一点(F)"的，指定第一个打断点后，是默认了@选项的。

单击【修改】工具栏上的【打断】按钮 □。

命令：_break 选择对象：使用点选方法选择一个对象；
指定第二个打断点 或 [第一点(F)]：_f （自动完成）
指定第一个打断点：指定要断开的位置；
指定第二个打断点：@ （自动完成）。

> **提示：** 执行【打断于点】命令时，要设置好自动对象捕捉，不能在使用自动捕捉的情况下采用捕捉替代(指定捕捉)方式，因此执行【打断于点】命令时，应关闭自动捕捉，使用捕捉替代方式，或全部都用自动捕捉；一个圆不能执行【打断于点】命令。

3.10.5　知识总结——分解

分解命令用于分解组合对象。组合对象即是由多个 AutoCAD 基本对象组合而成的复杂对象，例如多段线、多线、标注、块、面域、多面网格、多边形网格、三维网格以及三维实体等。分解的结果取决于组合对象的类型。

单击【修改】工具栏上的【分解】按钮 ▣。

命令：_explode
选择对象：可以选择多个对象，按 Enter 或空格键即可完成。

3.11　实　战　练　习

绘制如图 3.67 所示的圆弧连接图形。

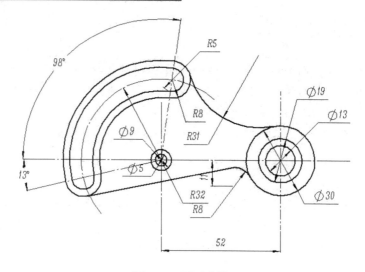

图 3.67 圆弧连接

3.11.1 绘图分析

首先布置图面，绘制定位线，然后绘制过渡圆弧，再画出切线，最后修剪成形。

3.11.2 操作步骤

1. 新建文件

新建文件"实战练习 3"。

2. 绘制定位线

执行直线命令绘制定位线，如图 3.68 所示。

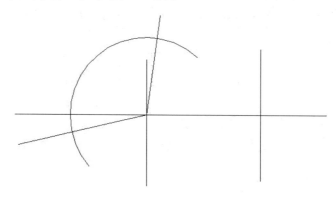

图 3.68 绘制矩形

3. 绘制已知圆

执行圆心-半径方式的圆命令，绘制圆，如图 3.69 所示。

4. 绘制过渡圆弧

执行圆心-半径方式的圆命令，利用《制图》课程中讲述的圆弧连接方式，求出连接圆弧的圆心，绘制过渡圆弧，如图 3.70 所示。

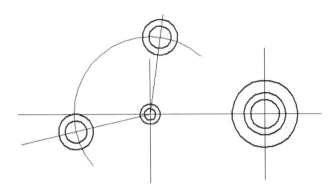

图 3.69　绘制已知圆

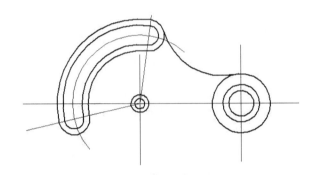

图 3.70　绘制辅助线

5. 绘制圆和公切线

绘制圆和公切线，如图 3.71 所示。

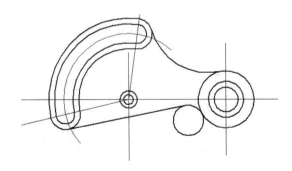

图 3.71　绘制连接圆弧

6. 修剪

修剪多余线条，得到如图 3.72 所示的图形。

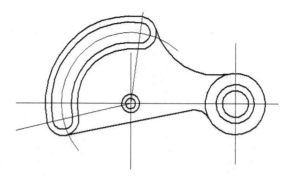

图 3.72   修剪

3.12   上 机 练 习

精确绘制下列图形如图 3.73～图 3.80 所示。

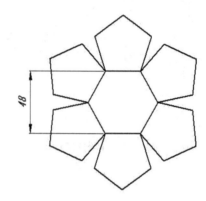

图 3.73   习题 1 图

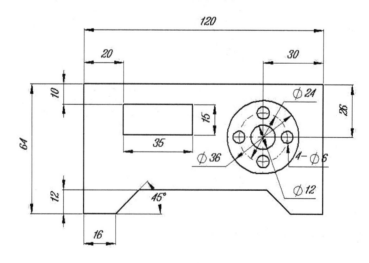

图 3.74   习题 2 图

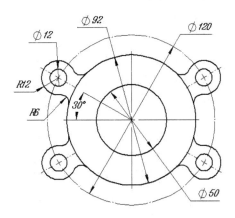

图 3.75 习题 3 图

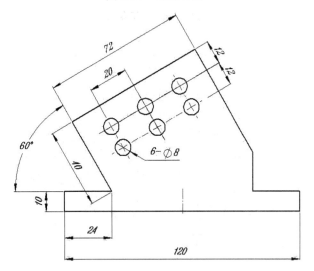

图 3.76 习题 4 图

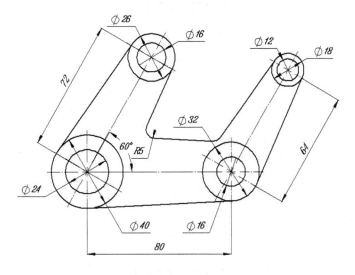

图 3.77 习题 5 图

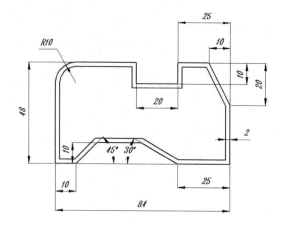

图 3.78 习题 6 图

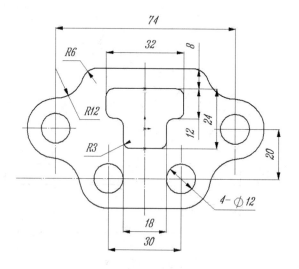

图 3.79 习题 7 图

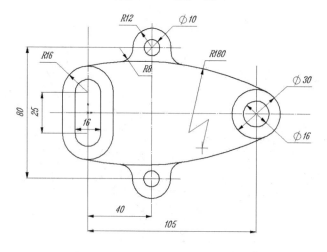

图 3.80 习题 8 图

第4章 AutoCAD 基本绘图设置

绘图环境和图层的设置是绘制图形的基本要求，绘图时应根据国标的规定建立样板文件，用来绘制图形的标准图纸。

4.1 设置单位和图幅

4.1.1 案例介绍及知识要点

国标对图纸的幅面大小作出了严格规定，设置带装订边的 A3 图纸幅面，如图 4.1 所示。

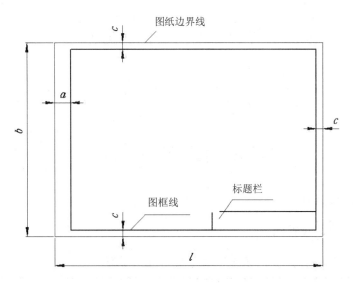

图 4.1 A3 图纸

知识点：

- 掌握单位设置。
- 掌握图形边界设置。

4.1.2 操作步骤

1. 新建文件

新建文件"A3"。

2. 设置单位

选择【格式】|【单位】命令，出现【图形单位】对话框，设置【长度】的类型为【小

数】，精度为 0.0；设置【角度】的类型为【十进制度数】，精度为 0，系统默认逆时针方向为正，插入比例设置为【毫米】，如图 4.2 所示，单击【确定】按钮。

图 4.2 【图形单位】对话框

3．图形界限的设置

在绘制图样时，首先要确定图纸幅面的大小，图纸幅面要以 1：1 的比例设置。A3 图纸的幅面为 420mm×297mm，故按下面的方法设置图形边界。

```
命令：'_limits
重新设置模型空间界限：
指定左下角点或 [开(ON)/关(OFF)] <0.0000,0.0000>：0,0
指定右上角点 <420.0000,297.0000>：420, 297
```

4.2　设　置　图　层

4.2.1　案例介绍及知识要点

按表 4.1 的要求，设置图层。

表 4.1　图层推荐的基本设置

图 层 名	作　用	样　式	线　型	颜　色
轮廓线	粗实线		Continuous	绿色
细实线	细实线		Continuous	白(黑)色
	波浪线			
	双折线			
虚线	虚线		Hidden	黄色
中心线	细点画线		Center	红色
文本	文字(细实线)		Continuous	洋红色
剖面线	剖面符号		Continuous	白(黑)色
标注	尺寸线、投影连线、尺寸终端与符号细实线		Continuous	白(黑)色

续表

图 层 名	作 用	样 式	线 型	颜 色
辅助线	模型选项卡的标题栏内的细实线和文字	———————	Continuous	19
边框标题栏	模型选项卡的边框和标题栏边线	———————	Continuous	83
粗点画线	粗点画线	━━ ━━ ━━ ━━	Center	棕色
双点画线	双点画线	————— — — — —————	JIS-09-15	粉色

知识点:

- 掌握图层的设置。
- 掌握线宽的设置。
- 掌握线型和颜色的设置。

4.2.2 操作步骤

1. 添加"中心线"层

(1) 设置层名。单击【图层】工具栏上的【图层特性管理器】按钮 ,出现【图层特性管理器】对话框,单击【新建图层】按钮 ,在【名称】列下输入"中心线",如图 4.3 所示。

图 4.3 设置层名

(2) 设置图层颜色。单击图层【颜色】列下的颜色色块,打开【选择颜色】对话框,选择红色,如图 4.4 所示,单击【确定】按钮。

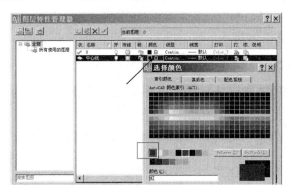

图 4.4 设置图层颜色

(3) 设置线型。单击图层【线型】选项卡下的线型选项,打开【选择线型】对话框,如果在【已加载的线型】列表框中没有需要的线型，单击【加载】按钮，出现【加载或重载线型】对话框，选择 CENTER 线型，如图 4.5 所示，单击【加载或重载线型】对话框中的【确定】按钮，在【选择线型】对话框中，选择加载的 CENTER 线型，单击【选择线型】对话框中的【确定】按钮，完成线型设置。

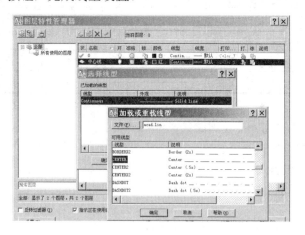

图 4.5　加载线型

(4) 设置线宽。单击图层【线宽】列下的线宽选项，打开【线宽】对话框，如图 4.6 所示。

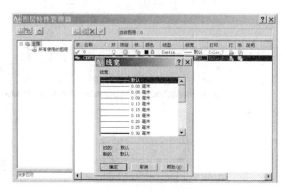

图 4.6　选择线宽

2. 按同样方法设置其他层

完成其他层设置，如图 4.7 所示，单击【确定】按钮。

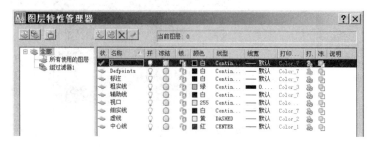

图 4.7　设置层

4.2.3 知识总结——层

图层相当于图纸绘图中使用的重叠图纸。绘制图形时需要用到不同的线型和线宽，为了明显地显示不同的线型，可以在图层中把不同的颜色赋予不同的线型。将所绘制的对象放在不同的图层上，可提高绘图效率。

1. 图层的基本操作

一幅图中系统对图层数没有限制，对每一图层上的实体数也没有任何限制。每一个图层都应有一个名字加以区别，当开始绘制新图时，AutoCAD 自动生成层名为"0"的图层，这是 AutoCAD 的默认图层，其余图层需要由用户自己定义。

【图层特性管理器】用来设置图层的特性，允许建立多个图层，但绘图只能在当前层上进行。

执行【图层特性】命令后，将出现【图层特性管理器】对话框，如图 4.8 所示。在此对话框中，可以进行新建图层、删除图层、命名图层等操作。

图 4.8 【图层特性管理器】对话框

【图层特性管理器】对话框中部分按钮的功能如下。

- ：新建图层。
- ：在所有视口中都被冻结的新图层视口。
- ：删除图层。
- ：将选定的图层置为当前层。

2. 图层的状态

在【图层特性管理器】对话框中可以控制图层特性的状态，例如：图层的打开(关闭)、解冻(冻结)、解锁(锁定)等，这些在图层管理器和图层工具栏都有显示。

(1) 打开(关闭)图层 （ ）

当图层打开时，绘制的图形是可见的，并且可以打印。当图层关闭时，绘制的图形是不可见的，且不能打印，即使【打印】选项是打开的。

(2) 解冻(冻结)所有视口图层 （ ）

可以冻结模型空间和图纸空间所有视口中选定的图层。冻结图层可以加快缩放、平移和许多其他操作的运行速度，便于对象的选择并减少复杂图形的重生成时间。冻结图层上的实体对象在绘图窗口不显示、不能打印，也不参与渲染或重生成对象。解冻冻结图层时，AutoCAD 将重生成并显示冻结图层上的实体对象。可以冻结除当前图层外的所有图层，已冻结的图层不能设为当前层。

(3) 解冻(冻结)当前视口图层 （ ）

冻结图纸空间当前视口中选定的图层，可以冻结当前层，而不影响其他视口的图层显示，在冻结视口，此图层对象不显示；解冻时，此图层对象在此视口中显示。

(4) 解锁(锁定)图层 🔓 (🔒)

锁定图层后不能编辑锁定图层中的对象，但是可以查看图层信息。当不需要编辑图层中的对象时，将图层锁定以避免不必要的误操作。

(5) 打印(不打印)图层 🖨 (🖨)

确定本图层是否参与打印。

3．线型设置

绘图时，经常要使用不同的线型，如虚线、中心线、细实线、粗实线等。AutoCAD 提供了丰富的线型，用户可根据需要选择线型。

图层的线型是指在图层上绘图时所使用的线型，每一层都应有一个相应的线型。系统默认的线型只有一个，单击【图层特性管理器】中要修改的图层线型名称时出现【选择线型】对话框；单击【加载】按钮，出现【加载或重载线型】对话框，从中选择需要的线型，单击【确定】按钮将其加载到【选择线型】对话框中，然后选择需要的线型，单击【确定】按钮。

在使用各种线型绘图时，除了 Continuous 线型外，每一种线型都是由实线段、空白段、点或文本、图形所组成。默认的线型比例是 1，以 A3 图纸作为基准，因此在不同的绘图界限下屏幕上显示的结果不一样。当图形界限缩小或放大时，中心线或虚线线型显示的结果几乎成了一条实线，这时就必须通过改变线型比例来调整线型的显示结果。

选择【格式】|【线型】命令，将出现【线型管理器】对话框，如图 4.9 所示。

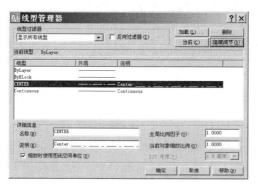

图 4.9 　【线型管理器】对话框

根据需要输入数值，即可改变线型比例。最后的线型比例="全局比例因子"×"当前对象缩放比例"。

4.3　设置文字样式

4.3.1　案例介绍及知识要点

按表 4.2 要求设置文字样式。

表 4.2 文字样式的推荐设置

样 式 名		字 体 名	文字宽度因子	文字倾斜角度
不使用大字体	文字	仿宋_GB2312	0.75	0
	数字	isocp.shx 或 romanc.shx	0.75	15
使用大字体	文字	gbenor.shx	1.0	1.0
gbcbig.shx	数字(斜)	gbeitc.shx	1.0	1.0

知识点：

掌握文字样式的设置。

4.3.2 操作步骤

(1) 设置"数字"文字样式

① 单击【样式】工具栏上【文字样式】按钮，出现【文字样式】对话框，单击【新建】按钮，出现【新建文字样式】对话框，在【样式名】文本框中输入"数字"，单击【确定】按钮，如图 4.10 所示。

图 4.10 添加新样式

② 在【字体名】列表框中选择 isocp 选项，在【宽度因子】文本框中输入 0.75，在【倾斜角度】文本框中输入 15，如图 4.11 所示，单击【应用】按钮。

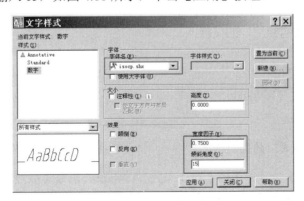

图 4.11 设置文字样式

(2) 按同样的方法设置其他文字样式。设置完毕后单击【关闭】按钮。

4.3.3　步骤点评

根据国家标准，绘图时可以选择使用大字体，中文大字体是 gbcbig.shx。其具体选项包括：中文字体为 gbenor.shx、数字和字母等西文字体为 gbeitc.shx。只有在【字体名】下拉列表框中指定 SHX 文件，才能使用大字体。

如不选用大字体，可以自己设定字体，汉字可选用仿宋_GB2312，尺寸标注可选用 isocp.shx 或 romanc.shx。

> **提示：** 当所选的字体前面带@符号时，标注的文本字头向左。

4.3.4　知识总结——设置文字样式

文字是工程图样中不可缺少的一部分。为了完整地表达设计思想，除了正确地用图形表达物体的形状、结构外，还要在图样中标注尺寸、注写技术要求、填写标题栏等。AutoCAD中文版提供了符合国家标准的汉字和西文字体，从而使工程图样中的文字清晰、美观，增强了图形的可读性。

图形中的所有文字都具有与之相关联的文字样式。输入文字时，程序使用当前的文字样式设置字体、字号、倾斜角度、方向和其他文字特征。默认的文字样式是 Standard 样式，用户应根据需要设置相应的文字样式，如尺寸文字样式、汉字文字样式等。

4.4　设置标注样式

4.4.1　案例介绍及知识要点

(1) 创建"机械样式"的父样式
(2) 创建"机械样式——角度标注"的子样式
(3) 创建"机械样式——直径标注"的子样式
(4) 创建"非圆直径"的父样式
(5) 创建"带引线的标注"的父样式
(6) 创建"标注一半尺寸"的父样式
(7) 创建"2:1 比例标注"的父样式

知识点：

掌握标注样式的设置。

4.4.2　操作步骤

1. 创建"机械样式"的父样式

(1) 单击【样式】工具栏上的【标注样式】按钮，出现【标注样式管理器】对话框，单击【新建】按钮，出现【创建新标注样式】对话框，在【新样式名】文本框输入"机械样式"，在【基础样式】列表框中选择 Annotative 选项，选中【注释性】复选框，在【用于】列表框中选择【所有标注】选项，如图 4.12 所示。

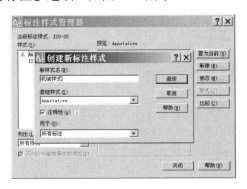

图 4.12   创建新标注样式

(2) 单击【继续】按钮，出现【新建标注样式：机械样式】对话框，打开【线】选项卡，在【尺寸线】选项组的【基线间距】文本框中输入 7，在【尺寸界线】选项组的【超出尺寸线】文本框中输入 2.5，在【起点偏移量】文本框中输入 0，如图 4.13 所示。

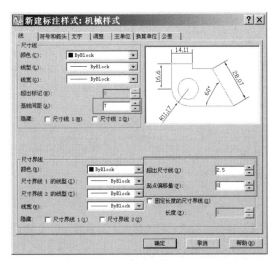

图 4.13   【新建标注样式：机械样式】对话框——【线】选项卡

(3) 打开【符号和箭头】选项卡，在【箭头】选项组的【第一个】下拉列表框中选择【实心闭合】选项，在【第二个】下拉列表框中选择【实心闭合】选项，在【引线】下拉列表框中选择【实心闭合】选项，在【箭头大小】微调框中输入 3，选中【弧长符号】选项组中的【标注文字的上方】单选按钮，如图 4.14 所示。

(4) 打开【文字】选项卡，在【文字外观】选项组的【文字样式】下拉列表框中选择【尺寸文字】选项，如图 4.15 所示。

说明：【文字样式】下拉列表框中的【尺寸文字】选项为上节新建的文字样式。

(5) 【调整】选项卡均保持默认设置即可，如图 4.16 所示。

(6) 打开【主单位】选项卡，在【线性标注】选项组的【精度】下拉列表框中选择 0.00，在【小数分隔符】下拉列表框中选择【"."(句点)】，如图 4.17 所示。

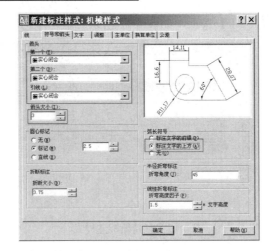

图 4.14 【新建标注样式：机械样式】对话框——【符号和箭头】选项卡

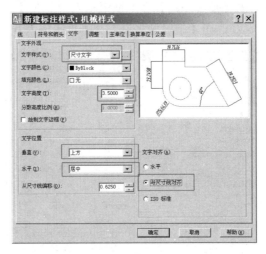

图 4.15 【新建标注样式：机械样式】对话框——【文字】选项卡

图 4.16 【新建标注样式：机械样式】对话框——【调整】选项卡

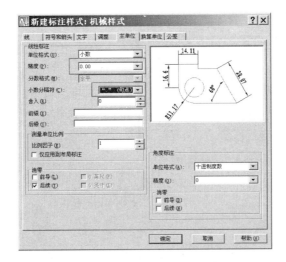

图 4.17 【新建标注样式：机械样式】对话框——【主单位】选项卡

(7) 单击【确定】按钮，完成"机械样式"父样式设置。

2. 创建机械样式的角度标注子样式

(1) 单击【样式】工具栏上的【标注样式】按钮，出现【标注样式管理器】对话框，单击【新建】按钮，出现【创建新标注样式】对话框，在【基础样式】下拉列表框中选择【机械样式】选项，选中【注释性】复选框，在【用于】下拉列表框中选择【角度标注】选项，如图 4.18 所示。

图 4.18 创建角度标注子样式

(2) 单击【继续】按钮，出现【新建标注样式：机械样式：角度】对话框，打开【文字】选项卡，在【文字位置】选项组中的【垂直】下拉列表框中选择【外部】选项，在【文字对齐】选项组中选中【水平】单选按钮，如图 4.19 所示。

(3) 单击【确定】按钮，完成角度标注子样式设置。

3. 创建机械样式的直径标注子样式

(1) 单击【样式】工具栏上的【标注样式】按钮，出现【标注样式管理器】对话框，单击【新建】按钮，出现【创建新标注样式】对话框，在【基础样式】下拉列表框中选择【机械样式】选项，选中【注释性】复选框，在【用于】下拉列表框中选择【直径标注】

选项，如图 4.20 所示。

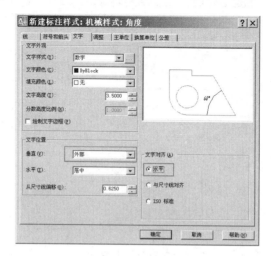

图 4.19　【新建标注样式：机械样式：角度】对话框——【文字】选项卡

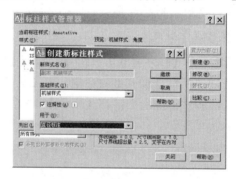

图 4.20　创建直径标注子样式

(2)　单击【继续】按钮。出现【新建标注样式：机械样式：直径】对话框，打开【调整】选项卡，在【调整选项】选项组中，选中【文字和箭头】单选按钮，如图 4.21 所示。

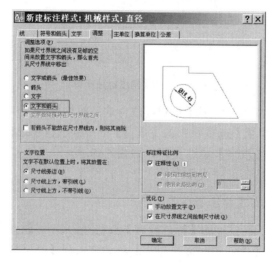

图 4.21　【新建标注样式：机械样式：直径】对话框——【调整】选项卡

(3)　单击【确定】按钮，完成直径子样式设置。

4. 创建"非圆直径"的父样式

(1)　单击【样式】工具栏上的【标注样式】按钮，出现【标注样式管理器】对话框，单击【新建】按钮，出现【创建新标注样式】对话框，在【新样式名】文本框中输入"非圆直径"，在【基础样式】下拉列表框中选择【机械样式】选项，然后选中【注释性】复选框，在【用于】下拉列表框中选择【所有标注】选项，如图 4.22 所示。

图 4.22　创建"非圆直径"的父样式

(2)　单击【继续】按钮。出现【新建标注样式：非圆直径】对话框，打开【主单位】选项卡，在【线性标注】选项组的【前缀】文本框中输入"%%C"，如图 4.23 所示。

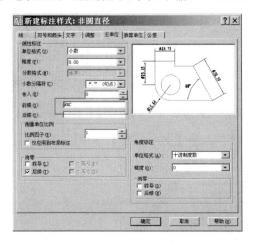

图 4.23　【新建标注样式：非圆直径】对话框——【主单位】选项卡

(3)　单击【确定】按钮，完成"非圆直径"父样式设置。

5. 创建"带引线的标注"的父样式

(1)　单击【样式】工具栏上的【标注样式】按钮，出现【标注样式管理器】对话框，单击【新建】按钮，出现【创建新标注样式】对话框，在【新样式名】文本框中输入"带引线的标注"，在【基础样式】下拉列表框中选择【机械样式】选项，选中【注释性】复选框，在【用于】下拉列表框中选择【所有标注】选项，如图 4.24 所示。

(2)　单击【继续】按钮。出现【新建标注样式：带引线的标注】对话框，打开【文字】

选项卡，在【文字对齐】选项组中选中【水平】单选按钮，如图 4.25 所示。

图 4.24 创建 "带引线的标注" 的父样式

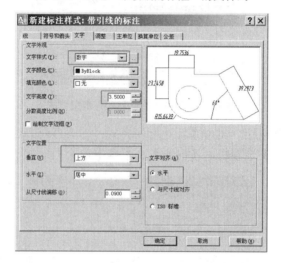

图 4.25 【新建标注样式：带引线的标注】对话框——【文字】选项卡

(3) 打开【调整】选项卡，在【文字位置】选项组中选中【尺寸线上方，带引线】单选按钮，如图 4.26 所示。

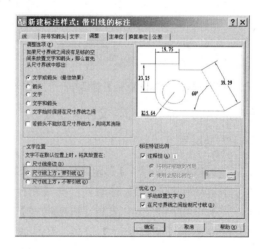

图 4.26 【新建标注样式：带引线的标注】对话框——【调整】选项卡

(4) 单击【确定】按钮，完成"带引线的标注"父样式设置。

> 提示：带引线标注样式会带有尺寸线，若要不带尺寸线，可在【调整】选项卡的【优化】选项组中，取消选中【在延伸线之间绘制尺寸线】复选框。

6. 创建"标注一半尺寸"的父样式

(1) 单击【样式】工具栏上的【标注样式】按钮，出现【标注样式管理器】对话框，单击【新建】按钮，出现【创建新标注样式】对话框，在【新样式名】文本框中输入"标注一半尺寸"，在【基础样式】下拉列表框中选择【机械样式】选项，选中【注释性】复选框，在【用于】下拉列表框中选择【所有标注】选项，如图 4.27 所示。

图 4.27　创建"标注一半尺寸"的父样式

(2) 单击【继续】按钮。出现【新建标注样式：标注一半尺寸】对话框，打开【线】选项卡，选中【尺寸线】选项组中的【尺寸线 2】复选框，在【尺寸界线】选项组中选中【尺寸界线 2】复选框，如图 4.28 所示。

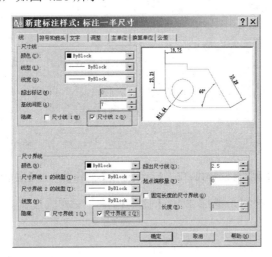

图 4.28　【新建标注样式：标注一半尺寸】对话框——【线】选项卡

(3) 单击【确定】按钮，完成"标注一半尺寸"父样式设置。

7. 创建"2∶1 比例标注"的父样式

(1) 单击【样式】工具栏上的【标注样式】按钮，出现【标注样式管理器】对话框，

单击【新建】按钮，出现【创建新标注样式】对话框，在【新样式名】文本框中输入"2：1
比例标注"，在【基础样式】列表框中选择【机械样式】选项，选中【注释性】复选框，
在【用于】列表框中选择【所有标注】选项，如图 4.29 所示。

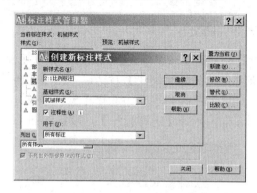

图 4.29 创建"2：1 比例标注"的父样式

(2) 单击【继续】按钮。出现【新建标注样式：2：1 比例标注】对话框，在【主单位】
选项卡中，在【测量单位比例】选项组中的【比例因子】微调框中输入 0.5，如图 4.30
所示。

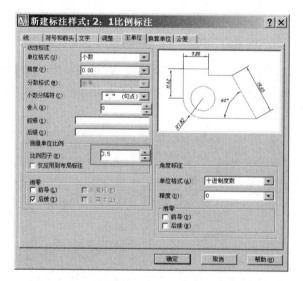

图 4.30 【新建标注样式：2：1 比例标注】对话框——【主单位】选项卡

(3) 单击【确定】按钮，完成"2：1 比例标注"父样式设置。

4.4.3 步骤点评

(1) 对于步骤 1：选项卡中尺寸样式各部分名称的说明，如图 4.31 所示。

技巧：如果标注一个边的尺寸，标注尺寸时应确定两点，第一点处的尺寸界线和尺寸线为
　　　1，第二点处的尺寸界线和尺寸线为 2。隐藏单边尺寸线和尺寸界线，可以对半剖视
　　　图以及其他样式的图形进行标注。

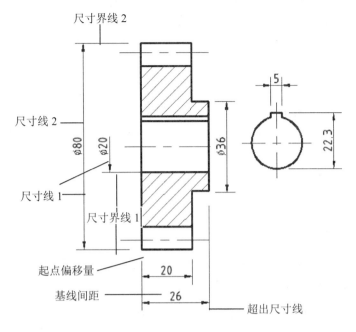

图 4.31 选项卡中尺寸样式各部分名称的说明

(2) 对于步骤 2：建立标注角度子尺寸后和未建立标注角度子尺寸的比较，如图 4.32 所示。

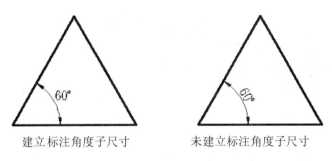

图 4.32 建立角度子尺寸的比较

(3) 对于步骤 3：在用机械样式标注直径时，建立标注直径子尺寸后和未建立标注直径子尺寸的比较，如图 4.33 所示。

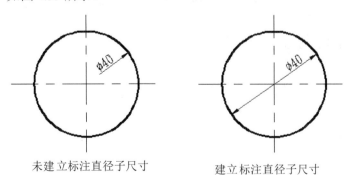

图 4.33 建立直径尺寸的比较

(4) 对于步骤 4：对于机械图样，圆柱、圆锥等回转体的直径一般标注在非圆视图上，也就是标注在投影为直线的视图上，标注直线尺寸前面没有直径符号 ϕ。可以在特性管理器中加前缀，当建立一个非圆直径的父尺寸时，在标注的过程中，将父尺寸的样式置为当前样式，直接进行标注。

(5) 对于步骤 5：对于机械图样，在标注圆弧的半径和直径时，有时需要引出标注，而在机械样式中默认是不能加引线的，因此需要设置一个带引线标注的父尺寸。

(6) 对于步骤 6：对于机械图样，在绘制半剖视图或者局部剖视时，有些对象只需反映部分结构，其标注只要显示一半的尺寸界线和尺寸线，因此要设置一个父尺寸。

(7) 对于步骤 7：注意是 "2：1" 而不是 "2:1"，因为尺寸名称不允许有 ":"。

4.4.4 知识总结——设置尺寸样式

对于标注样式设置，设置时一般以 A3 图纸作为最基本的设置样式。设置好后可以根据图纸放大或缩小的比例在标注样式设置中调整统一比例。

标注具有其独特的元素：标注文字、尺寸线、箭头和尺寸界线，如图 4.34 所示。还有加注中心标记和中心线。

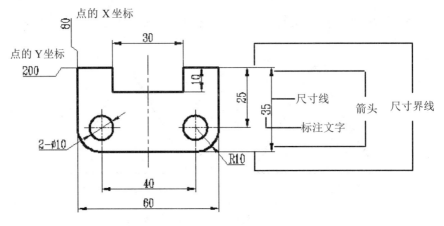

图 4.34　尺寸标注的组成

4.5　尺　寸　标　注

4.5.1 案例介绍及知识要点

完成图 4.35 所示的主要尺寸标注类型。

知识点：

掌握尺寸标注的方法。

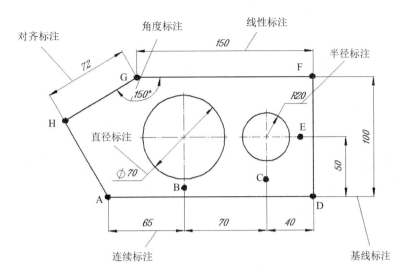

图 4.35　主要的尺寸标注类型

4.5.2　操作步骤

(1)　标注 65、70、40 尺寸

选择机械样式标注，单击【标注】工具栏上的【线性】按钮，先单击图中 A 点，再单击 B 点，标注 65；单击【标注】工具栏上的【连续】按钮，依次单击 C 点和 D 点，标注 70、40 尺寸。

(2)　标注 50、100 尺寸

选择机械样式标注，单击【标注】工具栏上的【线性】按钮，先单击图中 D 点，再单击 E 点，标注 50；单击【标注】工具栏上的【基线】按钮，单击 F 点，标注 100 尺寸。

(3)　标注 150 尺寸

选择机械样式标注，单击【标注】工具栏上的【线性】按钮，先单击图中 G 点，再单击 F 点，标注 150。

(4)　标注 72 尺寸

选择机械样式标注，单击【标注】工具栏上的【对齐】按钮，先单击图中 G 点，再单击 H 点，标注 72。

(5)　标注 150° 角度

选择机械样式标注，单击【标注】工具栏上的【角度】按钮，分别单击 150 和 72 长图线，标注 150°。

(6)　标注直径尺寸

选择机械样式标注，单击【标注】工具栏上的【直径】按钮，单击图中大圆，标注 ϕ70 尺寸。

(7)　标注半径尺寸

选择带引线的标注样式，单击【标注】工具栏上的【半径】按钮，单击图中小圆，标注 R20 尺寸。

4.5.3 知识总结——尺寸标注

尺寸标注显示了对象的测量值、对象之间的距离、角度或特征点距指定原点的距离。AutoCAD 提供了几种基本的标注类型：线性标注、径向(半径、直径和折弯)标注、角度标注、坐标标注、弧长标注，【标注】工具栏如图 4.36 所示。

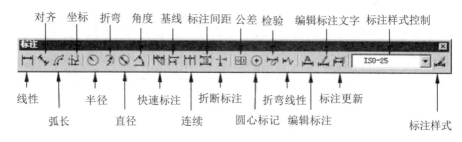

图 4.36 【标注】工具栏

> **提示：** 建议在布局上创建标注，而不要在模型空间中创建标注。

尺寸标注是作为一个图块存在的，即尺寸线、尺寸界线、标注文字和箭头是一个组合实体，是一个对象。当标注的图形被修改时，或单独用夹点拖动尺寸时，系统会自动更新尺寸标注，尺寸文本自动改变的特性就称为尺寸标注的关联性。可以用分解命令将其变为非关联性。

标注文字是用于指示测量值的字符串，文字可以包含前缀、后缀和公差；尺寸线用于指示标注的方向和范围，对于角度标注，尺寸线是一段圆弧；箭头也称为终止符号，显示在尺寸线的两端，可以为箭头或标记指定不同的尺寸和形状；尺寸界线也称为投影线，从部件延伸到尺寸线；中心标记是标记圆或圆弧中心的小十字。

1. 线性标注

线性尺寸标注，是指标注对象在水平或垂直方向的尺寸。

标注如图 4.37 所示的图形尺寸，步骤如下。

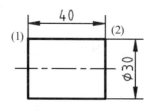

图 4.37 线性标注

(1) 选择非圆直径样式，单击【标注】工具栏上的【线性】按钮 🔲，标注为 $\Phi30$。

```
命令：_dimlinear
指定第一条尺寸界线原点或 <选择对象>：回车
选择标注对象：单击选择矩形右侧垂直线
指定尺寸线位置或[多行文字(M)/文字(T)/角度(A)/水平(H)/垂直(V)/旋转(R)]：
标注文字 = 30(自动标注)
```

(2) 选择机械样式标注，单击【标注】工具栏上的【线性】按钮□，标注为 40。

```
命令: _dimlinear
指定第一条尺寸界线原点或 <选择对象>: 单击捕捉线段端点指定点(1)
指定第二条尺寸界线原点:: 单击捕捉线段端点指定点(2)
指定尺寸线位置或[多行文字(M)/文字(T)/角度(A)/水平(H)/垂直(V)/旋转(R)]:
标注文字 = 40(自动标注)
```

2. 对齐标注

对齐尺寸标注，是指标注对象在倾斜方向的尺寸。

标注如图 4.38 所示的图形尺寸。

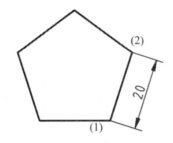

图 4.38　对齐标注

选择机械样式标注，单击【标注】工具栏上的【对齐】按钮◥，标注为 20。

```
命令: _dimaligned
指定第一条尺寸界线原点或 <选择对象>: 单击指定点(1)。
指定第二条尺寸界线原点: 单击指定点(2)。
指定尺寸线位置或[多行文字(M)/文字(T)/角度(A)]: 确定尺寸位置，标注文字= 20(自动标注)
```

3. 连续标注

连续标注是指从某一个尺寸界线开始，按顺序标注一系列尺寸，相邻的尺寸采用前一条尺寸界线，和新确定点的位置尺寸界线。

> 提示：必须先标注一个线性标注或者对齐标注之后，才可以进行连续标注。

标注如图 4.39 所示的图形尺寸，步骤如下。

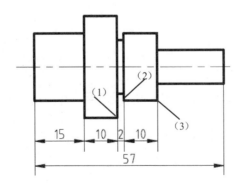

图 4.39　连续标注

(1) 选择机械样式标注，单击【标注】工具栏上的【线性】按钮□，标注为 15。

```
命令：_dimlinear
指定第一条尺寸界线原点或 <选择对象>：指定起点。
指定第二条尺寸界线原点：指定终点。
指定尺寸线位置或[多行文字(M)/文字(T)/角度(A)/水平(H)/垂直(V)/旋转(R)]：
标注文字 = 15(自动标注)
```

(2) 单击【标注】工具栏上的【连续】按钮，分别标注为10、2、10。

```
命令：_dimcontinue
指定第二条尺寸界线原点或 [放弃(U)/选择(S)] <选择>：单击1点
标注文字 = 10
指定第二条尺寸界线原点或 [放弃(U)/选择(S)] <选择>：单击2点
标注文字 = 2
指定第二条尺寸界线原点或 [放弃(U)/选择(S)] <选择>：单击3点
标注文字 = 10
```

4. 基线标注

基线标注是指以某一尺寸界线为基准位置，按某一方向标注一系列尺寸，所有尺寸共用第一条基准尺寸界线。方法和步骤与连续标注类似，也应先标注或选择一个尺寸作为基准标注。

标注如图4.40所示的图形尺寸，步骤如下。

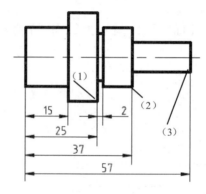

图4.40　基线标注

(1) 选择机械样式标注，单击【标注】工具栏上的【线性】按钮，标注为15。

```
命令：_dimlinear
指定第一条尺寸界线原点或 <选择对象>：指定起点。
指定第二条尺寸界线原点：指定终点。
指定尺寸线位置或[多行文字(M)/文字(T)/角度(A)/水平(H)/垂直(V)/旋转(R)]：
标注文字 = 15(自动标注)
```

(2) 单击【标注】工具栏上的【基续】按钮，分别标注为25、37、57。

```
命令：_dimbaseline
指定第二条尺寸界线原点或 [放弃(U)/选择(S)] <选择>：单击1点
标注文字 = 25
指定第二条尺寸界线原点或 [放弃(U)/选择(S)] <选择>：单击2点
标注文字 = 37
指定第二条尺寸界线原点或 [放弃(U)/选择(S)] <选择>：单击3点
标注文字 = 57
```

5. 直径标注

标注圆的直径，一般选择标注样式的机械样式，若需要标注引出线的圆直径，则选择引线标注样式。

标注如图 4.41 所示的图形尺寸，方法如下。

选择机械样式标注，单击【标注】工具栏上的【直径】按钮，标注为φ 40，选择引线样式标注，单击【标注】工具栏上的【直径】按钮，标注为φ 60。

```
命令：_dimdiameter
选择圆弧或圆：选择圆弧或圆对象
标注文字 = 40，
指定尺寸线位置或 [多行文字(M)/文字(T)/角度(A)]：指定尺寸线的位置自动标注数值。
命令：_dimdiameter
选择圆弧或圆：选择圆弧或圆对象
标注文字 = 60，
指定尺寸线位置或 [多行文字(M)/文字(T)/角度(A)]：指定尺寸线的位置自动标注数值。
```

6. 半径标注

标注圆和圆弧半径，一般选择标注样式的机械样式，若需要引出线标注小圆弧半径，则选择引线标注样式。

标注如图 4.42 所示的图形尺寸，方法如下。

选择机械样式标注，单击【标注】工具栏上的【半径】按钮，标注为 R5。

```
命令：_dimradius
选择圆弧或圆：选择圆弧或圆
标注文字 =图形半径
指定尺寸线位置或 [多行文字(M)/文字(T)/角度(A)]：输入选项或指定尺寸线位置
```

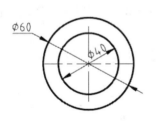

图 4.41　直径标注

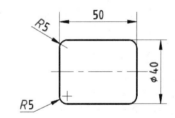

图 4.42　半径标注

7. 角度标注

角度标注用于测量两条直线或三个点之间的角度，步骤如下。

(1) 选择机械样式标注，单击【标注】工具栏上的【角度】按钮，在命令行提示下，选择图形中的两条直线段，移动鼠标，确定角度尺寸的位置，单击鼠标左键完成标注，如图 4.43 所示。

(2) 单击【标注】工具栏上的【角度】按钮，在命令行提示下，按 Enter 键选择"指定顶点"，选择直线的交点，然后选择直线段的两个端点，移动鼠标，确定角度尺寸的位置，单击鼠标左键完成标注，如图 4.44 所示。

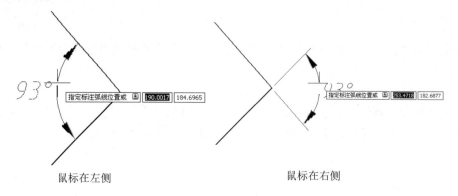

鼠标在左侧 　　　　　　　　　　鼠标在右侧

图 4.43　小于 180°的角度标注

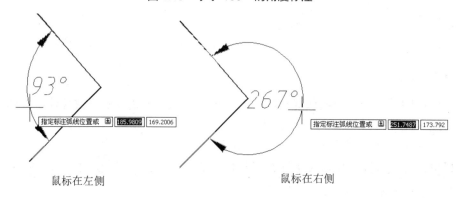

鼠标在左侧 　　　　　　　　　　鼠标在右侧

图 4.44　大于 180°的角度标注

8. 快速标注

在进行尺寸标注时，经常遇到同类型的系列尺寸标注，可以使用【快速标注】命令快速创建或编辑一系列标注，方法如下。

单击【标注】工具栏上的【快速标注】按钮，命令行显示如下。

```
命令: _qdim
关联标注优先级 = 端点
选择要标注的几何图形: 选择对象
选择要标注的几何图形: 继续选择要标注的对象或要编辑的标注并按 Enter 键
指定尺寸线位置或 [连续(C)/并列(S)/基线(B)/坐标(O)/半径(R)/直径(D)/基准点(P)/编辑(E)/设置
(T)] <连续>: 输入选项或按 Enter 键
```

利用快速标注，标注图 4.45 手柄的尺寸。

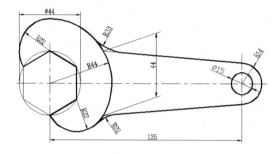

图 4.45　手柄平面图形

作图步骤：

(1) 在给定的图形中，选择标注图层，单击标注工具栏上的【快速标注】按钮，在命令行提示下，选择全部图形后按 Enter 键。

(2) 在命令行输入选项字母 r 后按 Enter 键，然后在图中指定尺寸线的位置，得到圆和圆弧的半径标注，如图 4.46 所示。

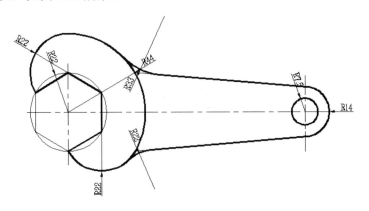

图 4.46　手柄图形快速标注半径

(3) 删除多标注的半径，调整各个半径尺寸的位置，标注其他的直径和线性尺寸。

另外，利用快速标注同样也可以执行基线标注和连续标注，请读者尝试标注如图 4.47 所示的尺寸。

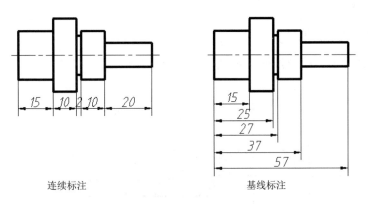

图 4.47　连续标注和基线标注

4.6　形位公差标注的方法

4.6.1　案例介绍及知识要点

标注如图 4.48 所示图形的形位公差。

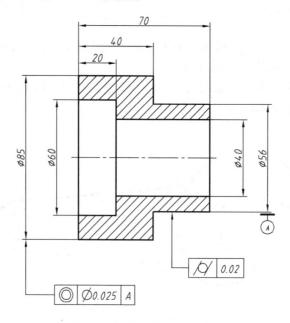

图 4.48 标注形位公差例图

知识点:

掌握形位公差标注的方法。

4.6.2 操作步骤

1. 绘制图形并标注尺寸

根据给定的图形，绘制如图 4.49 所示图形并标注尺寸。

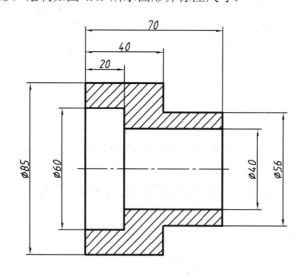

图 4.49 绘制图形并标注尺寸

2. 标注形位公差

(1) 在命令行输入 qleader 后按 Enter 键，然后再按两次 Enter 键，出现【引线设置】

对话框中在【注释】选项卡中将注释类型设置为【公差】，如图 4.50 所示。

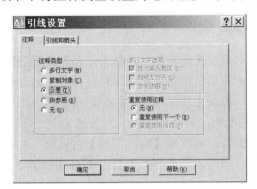

图 4.50　引线设置

(2)　在【引线和箭头】选项卡中设置引线和箭头，单击【确定】按钮，在绘图窗口中指定引线箭头对应 ϕ85 尺寸箭头，向下移动光标一定距离单击，然后水平向右移动光标一定距离单击，弹出【形位公差】对话框，单击【符号】选项组的黑色框格，出现【特征符号】对话框，单击【同轴度】特征符号，单击【公差 1】选项组左边的黑色框格，则框格内显示 ϕ 符号，在【公差 1】选项组的白色框格处输入公差数值 0.025，在【基准 1】选项组的白色框格中输入基准的大写字母 A，如图 4.51 所示；单击【确定】按钮完成同轴度公差的标注。

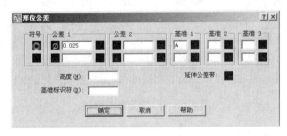

图 4.51　同轴度公差的标注

(3)　按 Enter 键，执行快速引线命令，在绘图窗口指定箭头对应 ϕ56 圆柱柱面，向下移动光标一定距离单击，然后水平向右移动光标一定距离单击，弹出【形位公差】对话框，单击【符号】选项组中的黑色框格，出现【特征符号】对话框，单击【圆柱度】特征符号，在【公差 1】选项组中的白色框格处输入公差数值 0.02，如图 4.52 所示；单击【确定】按钮完成圆柱度公差的标注。

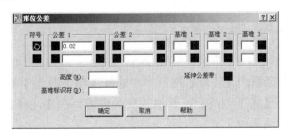

图 4.52　圆柱度公差的标注

(4) 绘制基准符号 A，完成标注。

4.6.3　知识总结——形位公差标注

将机械样式置为当前，单击【标注】工具栏【公差】按钮 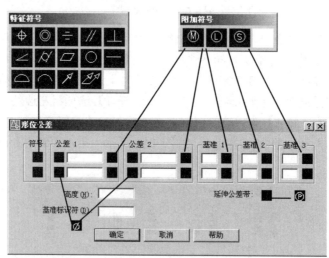，出现【形位公差】对话框，单击【符号】选项组中的黑色框格，出现【特征符号】对话框，如图 4.53 所示，选择形位公差项目的特征符号，单击【公差 1】或【公差 2】选项组中左侧的黑色框格，则框格内显示 ϕ 符号，再次单击则取消 ϕ 符号；单击一次公差 1、公差 2、基准 1、基准 2、基准 3任一选项下面右侧的黑色框格，则出现【附加符号】对话框，如图 4.51 所示；单击【延伸公差带】后面的黑色框格，则输入延伸公差带符号 Ⓟ，在公差下面的白色框格处输入公差数值，在基准下面的白色框格输入基准的大写字母。

图 4.53　形位公差的框格

4.6.4　知识总结——快速引线

在命令行输入 qleader 后按 Enter 键，执行快速引线标注，操作步骤(这里以多行文本为依据的标注)如下。

```
命令：_qleader
指定第一个引线点或 [设置(S)] <设置>：输入 S 出现【引线设置】对话框，如图 4.54 所示，进行设置，设置完毕后单击【确定】按钮。
指定第一个引线点或 [设置(S)] <设置>：指定第一个引线点。
指定下一点：指定第二点。
指定下一点：指定第三点。
指定文字宽度 <当前>：默认(按 Enter 键或空格键)。
输入注释文字的第一行 <多行文字(M)>：输入数值。
输入注释文字的下一行：按 Enter 键结束。
```

在【引线设置】对话框的【注释】选项卡中选择注释类型为【多行文字】，在【附着】选项卡中选中最后一行【加下划线】，其他为默认设置。在【注释】选项卡中选择注释类型为【公差】，可以标注形位公差。

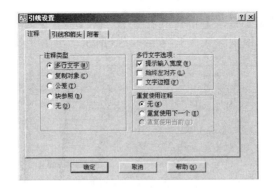

图 4.54 【引线设置】对话框

4.7 定义块和块属性

4.7.1 案例介绍及知识要点

创建如图 4.55 所示的粗糙度标注符号。

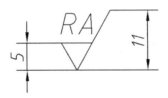

图 4.55 粗糙度标注符号

知识点:

● 掌握创建块的方法。

● 掌握定义属性的方法。

4.7.2 操作步骤

1. 新建文件

新建文件"粗糙度"。

2. 绘制粗糙度符号

在 0 层绘制表面粗糙度符号,注意设置线宽为 0.35mm,如图 4.55 所示(注意不标注尺寸)。

3. 设置属性

选择【绘图】|【块】|【定义属性】命令,出现【属性定义】对话框,在【模式】选项组中选中【锁定位置】复选框,在【插入点】选项组中选中【在屏幕上指定】复选框,在【属性】选项组的【标记】文本框中输入 Ra,在【提示】文本框中输入"输入表面粗糙度Ra 的值",在【默认】文本框中输入 3.2,在【文字设置】选项组中的【对正】下拉列表

框中选择【左】，在【文字样式】下拉列表框中选择【数字】选项，选中【注释性】复选框，在【文字高度】文本框中输入 3.5，如图 4.56 所示，单击【确定】按钮。

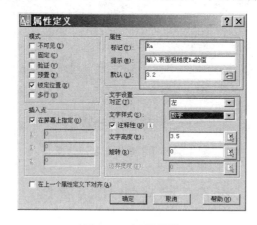

图 4.56　设置属性

4. 插入属性

在绘图区插入属性，如图 4.57 所示。

图 4.57　插入属性

5. 定义块

执行创建块命令后，出现【块定义】对话框，在【名称】文本框中输入"粗糙度"，在【基点】选项组中单击【拾取点】按钮，在图形区捕捉粗糙度符号最下面的交点，在【对象】选项组中单击【选择对象】按钮，在图形区选取要定义块的实体(包括属性值)，如图 4.58 所示。单击【确定】按钮，完成粗糙度符号的图块的创建；也可以生成注释性图块。

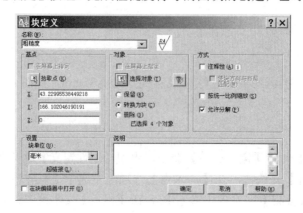

图 4.58　块定义

6. 写块命令

在命令行输入 wblock 或 w 后按 Enter 键，出现【写块】对话框，在【块】下拉列表框中选择新建的【粗糙度】块，在【文件名和路径】下拉列表框中输入 "E:\AutoCAD-块\粗糙度.dwg"，如图 4.59，单击【确定】按钮。

图 4.59 写块

7. 插入块命令

(1) 选择【插入】|【块】命令，出现【插入】对话框，在【名称】下拉列表框中选择【粗糙度】，在【插入点】选项组中选中【在屏幕上指定】复选框，如图 4.60 所示，单击【确定】按钮。

图 4.60 插入块

(2) 在屏幕上指定插入点，在命令行提示：

```
命令：_insert
指定插入点或 [基点(B)/比例(S)/X/Y/Z/旋转(R)]:
输入 Ra 属性值
RA: 6.3
```

(3) 插入结果如图 4.61 所示。

图 4.61 插入结果

4.7.3 知识总结——块

图块是一组对象的集合，是一个对象，用户可以将常用的图形定义成图块，然后在需要的时候将图块插入到当前图形的指定位置，并且可以根据需要调整其大小比例及旋转角度。符号集可作为单独的图形文件存储并编组到文件夹中。在设计时常常会遇到一些重复出现的图(如机械专业的粗糙度、螺纹紧固件、键等)，如果把这些经常出现的图做成图块，存放到一个图形库中，当绘制图形时，就可以作为图块插入到其他图形中，这样可以避免大量的重复工作，而且还可以提高绘图速度与质量。

AutoCAD 中的块分为内部块(block 或 bmake)和外部块(wblock)两种，用户可以通过【块定义】对话框设置创建块时的图形基点和对象取舍。

(1) 内部块的创建

所谓内部块是指其数据保存在当前文件中，只能被当前图形文件访问的块。选择【绘图】|【块】|【创建】命令，可以创建内部块。

(2) 外部块的创建

所谓外部块(写块)是指创建的图形文件可作为块插入到其他图形中，它所创建的外部块与前面用【块定义】对话框创建图块的最大区别在于它是保存在独立的图形文件中的，可以被所有图形文件访问，而使用【块定义】对话框创建的图块只能在当前的图形文件中使用。在命令行输入 wblock 或 w 后按 Enter 键或空格键，可以创建外部块。

(3) 插入块

选择【插入】|【块】命令，可以将块插入到光标所在的位置。

若要标注倾斜的粗糙度，可在【旋转】选项组中选中【在屏幕上指定】复选框。例如，插入粗糙度块时，先指定在图线上的插入点，然后移动光标捕捉图线的一个端点，使粗糙度符号与图线垂直，这样就能符合国家标准的规定。

4.7.4 知识总结——属性

属性是将数据附着到块上的选项卡或标记。属性中可包含的数据有零件编号、价格、注释和单位的名称等。

创建属性定义后，定义块时可以将属性定义当作一个对象来选择。插入块时都将用指定的属性文字作为提示。对于每个新的插入块，可以为其属性指定不同的值。

如果要同时使用几个属性，应先定义这些属性，然后将它们赋给同一个块。例如，可以定义标记为 Ra、Ry、Rz 的属性，然后将它们赋给名为"粗糙度"的块。

(1) 定义属性

选择【绘图】|【块】|【定义属性】命令，定义属性。定义完属性后，再创建图块，即

为带属性的块。

(2) 插入带属性的块

执行插入块命令，在出现的【插入】对话框中选择【名称】为【粗糙度】，单击【确定】按钮，然后根据命令行提示进行操作。

命令行提示如下。

```
命令: _insert
指定插入点或 [基点(B)/比例(S)/X/Y/Z/旋转(R)]: 确定插入基点的位置。
输入属性值
输入表面粗糙度 Ra 的值 <3.2>: 输入 Ra 数值，或直接按 Enter 键为默认值 3.2。
```

输入 Ra 数值，或直接按 Enter 键后得到粗糙度的样式，如图 4.62 所示。

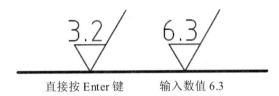

直接按 Enter 键　　　　　输入数值 6.3

图 4.62　带属性块的插入比较

4.8　建立样本

4.8.1　案例介绍及知识要点

根据国际要求，建立 A3 样本文件。

知识点:

掌握建立样本的方法。

4.8.2　操作步骤

1. 新建文件

单击【新建文件】按钮，在【选择样板】对话框中，单击【打开】按钮的下拉箭头，在弹出的菜单中选择【无样板打开-公制(M)】命令。

2. 设置图形界限

执行图形界限命令，设置 A3(420, 297)图纸幅面；执行单位命令，在【图形单位】对话框中，将长度单位的精度设置为 0.00。

3. 设置图层

打开【图层特性管理器】对话框，按照表 4.1 推荐情况设置图层，线宽选择第四组，粗线为 0.7，细线为 0.35，打开【线型管理器】对话框，将【全局比例因子】设置为 0.5。

4. 设置文字样式

打开【文字样式】对话框，按照表 4.2 文字样式的推荐设置来设置文字样式。

5. 建立各种标注样式

打开【标注样式管理器】对话框，按照前面讲述的标注样式，建立各种标注样式。

6. 绘制标题栏的边框

将辅助线图层设置为当前层，执行直线命令，起点坐标为(0,0)，绘制 420×297 的矩形，作为图纸边界；将边框标题栏图层设置为当前层，执行直线命令，起点坐标为(25,5)，绘制 390×287 的矩形，作为图样边框；执行直线命令，起点坐标为(235,5)，向上绘制长度为 56mm 的竖直线，然后水平向右绘制 180mm 长的直线，作为标题栏的边框。

7. 保存样板文件

单击【保存】按钮，选择保存文件类型为【AutoCAD 图形样板 (*.dwt)】，保存文件名为"A3"的样板文件。

4.8.3 知识总结——建立样本

可以根据现有的样板文件创建新图形，而新图形的修改不会影响样板文件。用户可以使用程序提供的样板文件，也可创建自定义样板文件。图形样板文件的扩展名为 .dwt。

(1) 在样板文件中通常存储如下内容。
- 单位类型和精度的设置。
- 标题栏、边框和徽标。
- 图层的设置。
- 捕捉、栅格和正交设置。
- 栅格界限的设置。
- 标注样式的设置。
- 文字样式的设置。
- 线型的设置。

(2) 保存样本

选择【文件】|【另存为】命令，在出现的【图形另存为】对话框的【文件类型】下拉列表框中，选择"AutoCAD 图形样板 (*.dwt)"文件类型；在【文件名】文本框中，输入此样板的名称，确定要保存的位置，单击【保存】按钮，在弹出的对话框中输入样板说明，单击【确定】按钮，新样板即可保存在用户要保存的文件夹中。默认的是保存在 template 文件夹中。

4.9 绘制标题栏

4.9.1 案例介绍及知识要点

在图框右角绘制如图 4.63 所示的标题栏。

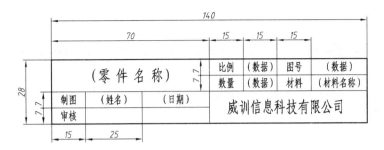

图 4.63　标题栏

知识点:

掌握标注多行文字的方法。

4.9.2　操作步骤

1. 新建文件

选择"A3"样本文件,新建文件"标题栏"。

2. 绘制如图 4.64 所示的标题栏

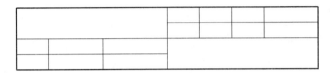

图 4.64　标题栏框

(1)　选择"粗实线"层,绘制外框。

(2)　选择"细实线"层,绘制中间分割线,建议采用偏移命令。

(3)　执行修剪命令,变换图层,完成标题栏图线的绘制。

3. 添加文字

(1)　在【样式】工具条选择【文字】样式为【文字】。

(2)　单击【绘图】工具栏上的【多行文字】按钮 A,在图形区单击选择第一角点,然后再单击选取图形区第二角点,如图 4.65 所示。

(3)　出现【文字格式】工具栏,选择【正中】对齐选项,如图 4.66 所示。

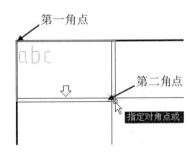

图 4.65　指定范围

图 4.66　设置对齐方式

(4) 输入"设计"两字，如图4.67所示，然后单击【确定】按钮。

图 4.67　输入文字

(5) 按同样方法完成其他文字输入，最后保存文件。

4. 保存

4.9.3　知识总结——标注多行文字

创建多行文字对象，或从其他文件输入或粘贴文字以用于多行文字段落。

单击【绘图】工具栏上的【多行文字】按钮 **A**，命令行出现如下提示信息。

命令：_mtext 当前文字样式："Standard"　当前文字高度：当前
指定第一角点：在屏幕上指定一点，作为多行文本的起点；
指定对角点或 [高度(H)/对正(J)/行距(L)/旋转(R)/样式(S)/宽度(W)]：

多行文本命令中的选项功能说明如下。

- 指定第一角点：指定点 (1)，确定文字的起始位置。
- 指定对角点：指定点 (2)，　拖动鼠标指定对角点时，屏幕显示一个矩形以显示多线文字对象的位置和尺寸，矩形内的箭头指示段落文字的走向。出现【文字格式】对话框，如图4.68所示。

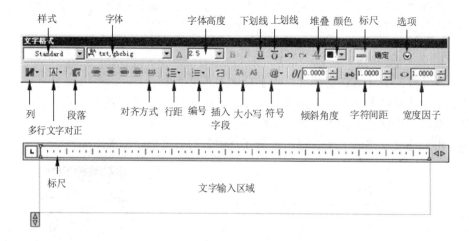

图 4.68　多行文本编辑器

- 高度(H)：指定用于多行文字字符的文字高度。
- 对正(J)：根据文字边界，确定新文字或选定文字的文字对齐和文字走向。
- 行距(L)：指定多行文字对象的行距。行距是一行文字的底部(或基线)与下一行文字底部之间的垂直距离。

提示：用 MTEXT 命令创建表格时最好使用精确间距。使用比指定的行距小的文字高度可以保证文字不互相重叠。

- 旋转(R)：指定文字边界的旋转角度。
- 样式(S)：指定用于多行文字的文字样式。
- 宽度(W) 指定文字边界的宽度。

提示：上面的各个选项功能也可以在多行文本编辑器中实现，如图 4.44 的显示。在多行文本编辑器中，上划线和下划线的控制码不起作用。

4.9.4　知识总结——标注特殊符号

在输入文字的时候，经常遇到一些特殊符号，除了可以使用 Unicode 字符输入特殊字符外，还可以为文字添加上划线和下划线，或通过在文字字符串中包含控制信息来插入特殊字符。每个控制序列都通过一对百分号引入。输入时可以使用具有标准 AutoCAD 文字字体和 Adobe PostScript 字体的控制代码：%%nnn，其具体符号和代码示例见表 4.3 所示。

表 4.3　控制代码

输入符号	控制代码	键盘输入示例	显示样式
上划线	%%O	%%OAutoCAD%%O2008	AutoCAD2008
		%%OAutoCAD2008	AutoCAD2008
下划线	%%U	%%UAutoCAD%%U2008	AutoCAD2008
		%%UAutoCAD2008	AutoCAD2008
上下划线	%%O%%U	%%O%%U AutoCAD2008	AutoCAD2008
角度符号(°)	%%D	60%%D	60°
直径符号(ϕ)	%%C	%%C100	$\emptyset$100
公差符号(±)	%%P	%%P0.012	±0.012

提示：上划线和下划线会在文字字符串结束处或在输入控制代码处自动关闭。

4.9.5　知识总结——堆叠

完成如图 4.69 所示的标注。

图 4.69　堆叠标注

操作步骤如下。

(1) 可以使用多行文本编辑器，在文字输入区域输入"X a ^(空格)＋Y(空格)^ b"，如图 4.70 所示。

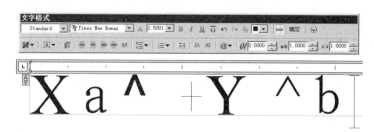

图 4.70 输入文字样式

(2) 选择 "X a ^(空格)" 单击【堆叠】按钮 $\frac{a}{b}$，选择 "Y(空格)^ b" 单击【堆叠】按钮 $\frac{a}{b}$，如图 4.71 所示。

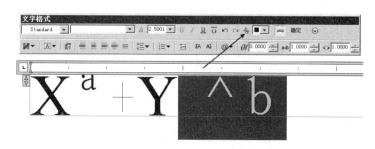

图 4.71 堆叠操作

4.10 上 机 练 习

1. 根据国标规定建立 A0、A1、A2、A3、A4 样板文件，绘制边框和标题栏。
2. 利用样板文件，选择适当的图层，绘制下面的两个图形如图 4.72、图 4.73 所示。

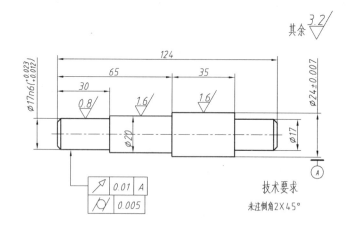

图 4.72 习题 1 图

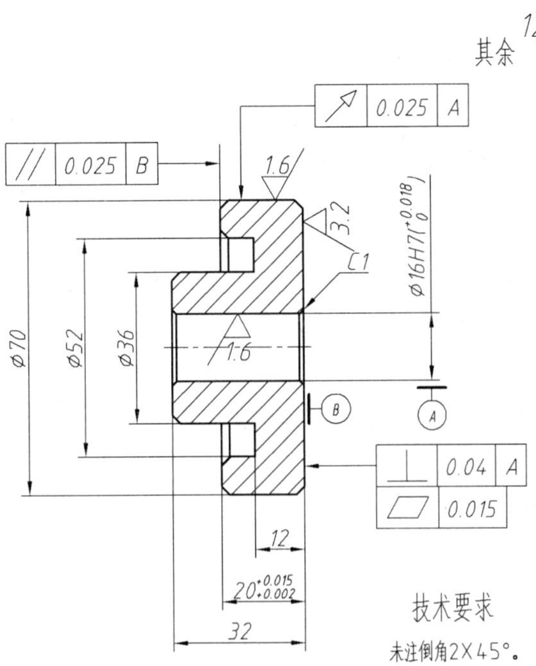

图 4.73　习题 2 图

第 5 章   AutoCAD 机械制图基础

AutoCAD 绘制机械图形基础包括绘制叠加式组合体三视图、绘制切割式组合体三视图、绘制截交线、绘制相贯线和绘制正等轴测图。

5.1   绘制叠加式组合体三视图

5.1.1   案例介绍及知识要点

绘制如图 5.1 所示的轴承座三视图。

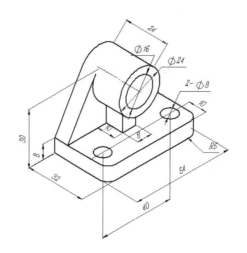

图 5.1   轴承座轴侧图

知识点:

- 掌握叠加式组合形体的绘制方法。
- 掌握层的变换。

5.1.2   绘图分析

轴承座是用来支承轴的,应用形体分析法,可以把它分解为 4 部分:圆筒、底板、支承板和肋。

5.1.3   操作步骤

1. 新建文件

运用 A3 样本,新建文件"叠加式组合体三视图"。

2. 绘图状态和捕捉设置

分别单击状态工具栏上的【极轴】、【对象捕捉】、【线宽】按钮，将其激活。

3. 布置视图

根据各视图的最大轮廓尺寸，在图纸上均匀地布置这些视图，为此在作图时应先画出各视图中的基线、对称线及主要形体的轴线和中心线。

(1) 选择"中心线"层，绘制中心线、轴线和对称线。

(2) 选择"粗实线"层，绘制基线，绘制圆筒的三视图。顺序为先画主视图，再画其他两个视图。

(3) 选择"虚线"层，在 H 面和 W 面绘制孔的不可见的轮廓线，如图 5.2 所示。

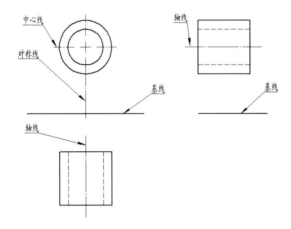

图 5.2　布置视图

4. 画底板的三视图

(1) 选择"粗实线"层，绘制底板轮廓的三面投影。

(2) 选择"中心线"层，在三个视图上，绘制两底孔的中心线。

(3) 选择"虚线"层，在 V 面和 W 面，绘制孔的不可见的轮廓线。

(4) 选择"粗实线"层，在 H 面绘制两圆孔，如图 5.3 所示。

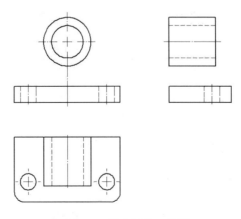

图 5.3　画底板的三视图

5. 画支承板的三视图

(1) 选择"粗实线"层，绘制支承板三视图(提示：先绘制主视图切线，其他图可以依据切点来追踪绘制)。

(2) 支撑板与圆筒相切处切线投影 ab 和 a″b″ 不画，修剪实体内多余的图线，如图 5.4 所示。

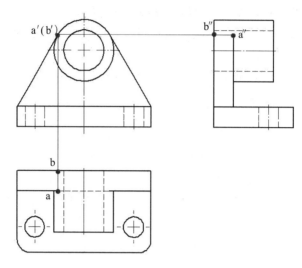

图 5.4 画支承板的三视图

6. 画肋的三视图

(1) 选择"粗实线"层，先绘制主视图，利用其交点来追踪左视图投影。

(2) 选择"虚线"层，绘制俯视图中肋的虚线部分，且修剪实体内部多余的图线，如图 5.5 所示。

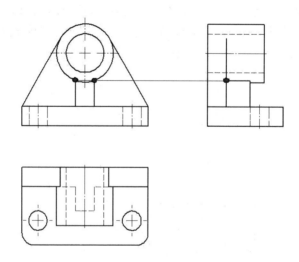

图 5.5 在左视图上应画出肋与圆筒线

5.2 绘制切割式组合体三视图

5.2.1 案例介绍及知识要点

绘制如图 5.6 所示的导块三视图。

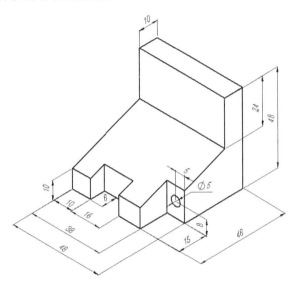

图 5.6 导块轴测图

知识点:

- 掌握切割式组合形体的绘制方法。
- 掌握层的变换。

5.2.2 绘图分析

导块是有长方体 I 切去 II，II，IV，又钻孔 V 而成，如图 5.7 所示。

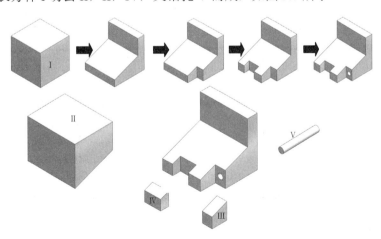

图 5.7 导块轴测图

5.2.3 操作步骤

1. 新建文件

运用 A3 样本，新建文件"切割式组合体三视图"。

2. 设定绘图状态和捕捉设置

将状态工具栏上的按钮"极轴"、"对象捕捉"、"线宽"按下呈打开状态。

3. 布置视图

选择"粗实线"层，绘制长方体三视图，如图 5.8 所示。

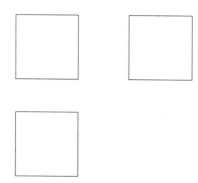

图 5.8　画长方体Ⅰ的三视图

4. 切去形体Ⅱ

先画反映特征的主视图，后画其他视图，如图 5.9 所示。

5. 切去形体Ⅲ

先画俯视图，后画其他视图，如图 5.10 所示。

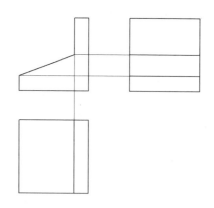

图 5.9　切去形体Ⅱ

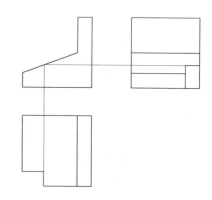

图 5.10　切去形体Ⅲ

6. 切去形体Ⅳ

先画俯视图，后画其他视图，如图 5.11 所示。

7. 钻孔

绘制钻孔线，如图 5.12 所示。

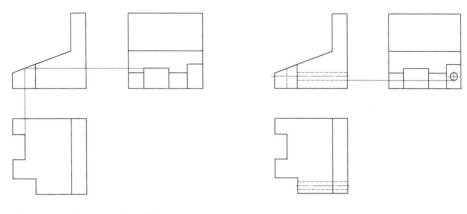

图 5.11 切去形体Ⅳ   图 5.12 钻孔

5.2.4 知识总结——利用形体分析

(1) 不应画完组合体的一个完整视图后再画另一个视图，而应将几个视图联系起来同时进行。

(2) 画每一个形体时，应先画反映该形体形状特征的视图，然后再画其他的视图。

(3) 一个平面在各视图上的投影，除了有积聚性的投影为直线外，其余的投影都应该表现为一个封闭线框。每个封闭线框的形状应当与该面是实形类似。

5.3 绘制截交线

5.3.1 案例介绍及知识要点

绘制如图 5.13 所示的切刀三视图。

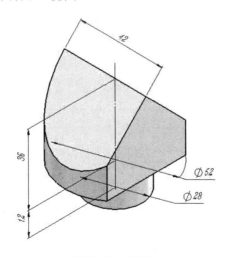

图 5.13 切刀

知识点：

掌握绘制截交线的方法。

5.3.2 操作步骤

1. 新建文件

运用 A3 样本，新建文件"截交线三视图"。

2. 设定绘图状态和捕捉设置

将状态工具栏上的按钮"极轴"、"对象捕捉"、"线宽"按下呈打开状态。

3. 布置视图

(1) 选择"中心线"层，绘制中心线和轴线。

(2) 选择"粗实线"层，绘制刀柄的三视图。顺序为先画主视图，再画其他两个视图，如图 5.14 所示。

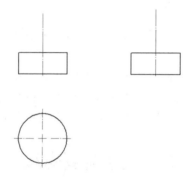

图 5.14 布置视图

4. 绘制刀体

(1) 选择"粗实线"层，绘制刀体的三视图。顺序为先画主视图，再画其他两个视图。

(2) 将刀柄俯视图线型改为虚线，如图 5.15 所示。

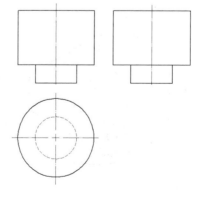

图 5.15 绘制刀体

5. 切出直刃

先绘制俯视图，再投影到其他两个视图，如图 5.16 所示。

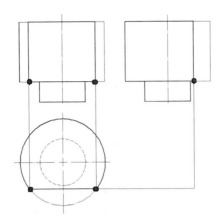

图 5.16　切出直刃

6. 切出斜刃

先绘制主视图，找出特殊位置点，求出一般位置点，用样条曲线命令绘制截交线在其他两个视图的投影，如图 5.17 所示。

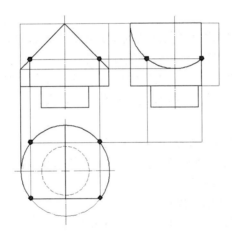

图 5.17　切出斜刃

5.3.3　知识总结——样条曲线

样条曲线是经过或接近一系列给定点的光滑曲线，用户可以控制曲线与点的拟合程度，可以通过指定点来创建样条曲线，也可以封闭样条曲线，使起点和端点重合。公差表示样条曲线拟合所指定的拟合点集时的拟合精度，公差越小，样条曲线与拟合点越接近，公差为 0，样条曲线将通过该点。在绘制样条曲线时，可以改变样条曲线拟合公差来查看效果。

1. 样条曲线命令

单击【绘图】工具栏上的【样条曲线】按钮 ，命令行提示如下。

```
命令: spline
指定第一个点或 [对象(O)]:
指定下一点:
指定下一点或 [闭合(C)/拟合公差(F)] <起点切向>:
指定起点切向:
指定端点切向:
```

各选项功能说明如下。

- 指定第一个点：指定一点，可连续输入点一直到完成样条曲线的定义为止。
- [闭合(C)：将最后一点定义为与第一点一致并使它在连接处相切，可以闭合样条曲线。
- 拟合公差(F)：修改拟合当前样条曲线的公差。根据新公差以现有点重新定义样条曲线，不管选定的是哪个控制点，都可以重复更改拟合公差，但这样做会更改所有控制点的公差。
- 起点切向：指定点或按 Enter 键；定义样条曲线的第一点和最后一点的切向。

2. 样条曲线编辑

选择【修改】|【对象】|【样条曲线】命令。命令行提示如下。

```
命令: _splinedit
选择样条曲线: 选择样条曲线
输入选项 [拟合数据(F)/闭合(C)/移动顶点(M)/精度(R)/反转(E)/放弃(U)]:
```

各选项功能说明如下。

- 拟合数据(F)：编辑定义样条曲线的拟合点数据，包括修改公差。
- 闭合(C)：将开放样条曲线修改为连续闭合的环。如果选定样条曲线为闭合，则"闭合"选项变为"打开"。 如果选定样条曲线无拟合数据，则不能使用"拟合数据"选项。拟合数据由所有的拟合点、拟合公差以及与由 spline 命令创建的样条曲线相关联的切线组成。
- 移动顶点(M)：将拟合点移动到新位置。
- 精度(R)：通过添加、权值控制点及提高样条曲线阶数来修改样条曲线定义。
- 反转(E)：修改样条曲线方向。
- 放弃(U)：取消上一编辑操作。

如果进行以下操作，样条曲线可能丢失其拟合数据。

- 编辑拟合数据时使用"清理"选项。
- 通过提高阶数、添加控制点或更改控制点的权值细化样条曲线。
- 更改拟合公差。
- 移动控制点。
- 修剪、打断、拉伸或拉长样条曲线。

提示：在绘制样条曲线时，如果样条曲线的位置和形状不符合要求，可以利用夹点编辑的方式，通过移动夹点位置来调整曲线的形状。

5.4 绘制相贯线

5.4.1 案例介绍及知识要点

绘制如图 5.18 所示的贯通体三视图。

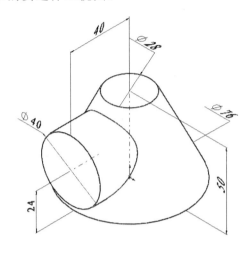

图 5.18 贯通体

知识点:

掌握绘制相贯线的方法。

5.4.2 操作步骤

1. 新建文件

运用 A3 样本,新建文件"相贯线三视图"。

2. 设定绘图状态和捕捉设置

将状态工具栏上的按钮"极轴"、"对象捕捉"、"线宽"按下呈打开状态。

3. 布置视图

(1) 选择"中心线"层,绘制中心线和轴线。

(2) 选择"粗实线"层,绘制锥台的三视图。顺序为先画俯视图,再画主视图,左视图可以复制,如图 5.19 所示。

4. 绘制相贯体

先绘制左视图,再绘制其他两个视图,修剪多余线段,如图 5.20 所示。

5. 绘制相贯线

先找出特殊位置点,再求出一般位置点,选用粗实线图层和样条曲线命令绘制主视图截交线,同样采用样条曲线命令绘制俯视图的截交线,如图 5.21 所示。

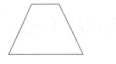

图 5.19　布置视图

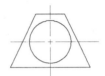

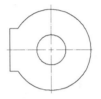

图 5.20　绘制相贯体

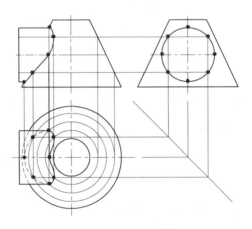

图 5.21　绘制相贯线

5.5　绘制正等轴测图

5.5.1　案例介绍及知识要点

绘制如图 5.22 所示的等轴测图。

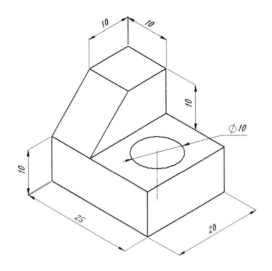

图 5.22   等轴测图

知识点：

掌握等轴测图的绘制方法。

5.5.2   操作步骤

1. 新建文件

运用 A3 样本，新建文件"轴承正等轴测图"。

2. 设定绘图状态和捕捉设置

右击状态栏的【捕捉】按钮，选择【设置】选项；在【草图设置】对话框中选择【捕捉和栅格】选项卡，取消选中【启用捕捉】复选框；然后选中【等轴测捕捉】复选框，如图 5.23 所示。单击状态栏的【正交】按钮，启用正交模式。

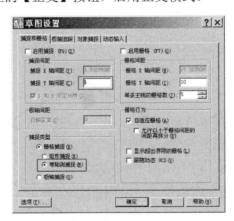

图 5.23   【草图设置】对话框——【捕捉和栅格】选项卡

3. 绘制底部的左面

通过按 Ctrl+E 键或 F5 键，将等轴测平面改为【等轴测平面 左】。使用直线命令绘图，绘制点 P1、P2、P3 和 P4 之间的直线，如图 5.24 所示。

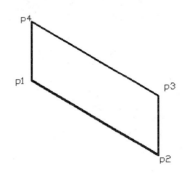

图 5.24　绘制底部的左面

4. 绘制底部的右面

通过按 Ctrl+E 键或 F5 键，将等轴测平面改为【等轴测平面 右】。使用直线命令绘图，如图 5.25 所示。

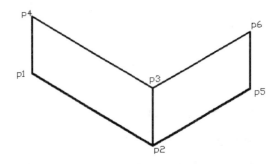

图 5.25　绘制底部的右面

5. 绘制底部的上面

通过按 Ctrl+E 键，将等轴测平面改为【等轴测平面 上】。使用直线命令绘图，如图 5.26 所示。

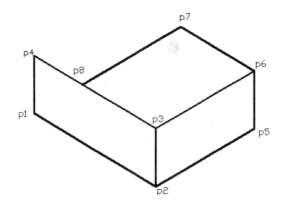

图 5.26　绘制底部的上面

6. 绘制其余各条线，如图 5.27 所示。

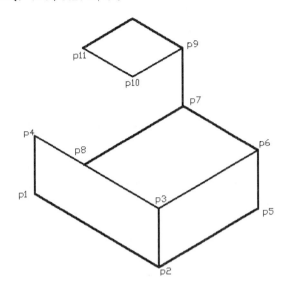

图 5.27　绘制其余各条线

7. 绘制锥面

在对象的左前端形成了一个锥角度，在等轴测图形中，可以在绘制斜线的过程中，分别捕捉斜线的端点来绘制，如图 5.28 所示。

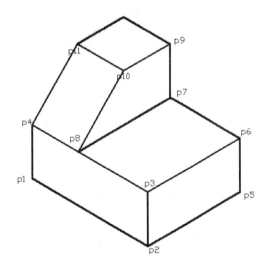

图 5.28　绘制锥面

8. 绘制等轴测圆

先绘制中心线，确定圆心的位置，然后再利用椭圆命令选择 I 选项绘制等轴测圆，在输入等轴测的半径或直径之前，必须确保处于等轴测平面中，在【等轴测平面 上】上绘制圆，如图 5.29 所示。

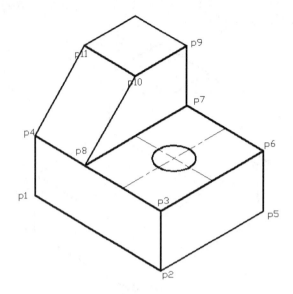

图 5.29　绘制等轴测圆

5.5.3　知识总结——等轴测图绘制要点

等轴测图形主要有右、上和左等轴测平面，如图 5.30 所示。按 Ctrl+E 或者 F5 键可以变化等轴测平面。

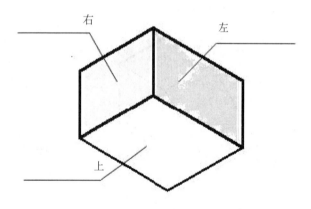

图 5.30　等轴测平面

5.6　上 机 练 习

根据立体图绘制形体的三视图(如图 5.31～图 5.44 所示)。

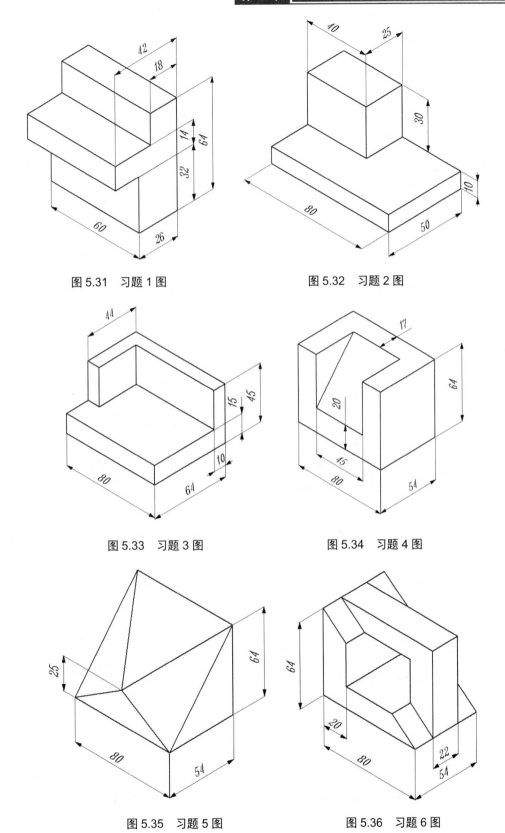

图 5.31 习题 1 图

图 5.32 习题 2 图

图 5.33 习题 3 图

图 5.34 习题 4 图

图 5.35 习题 5 图

图 5.36 习题 6 图

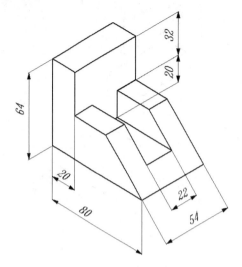

图 5.37　习题 7 图

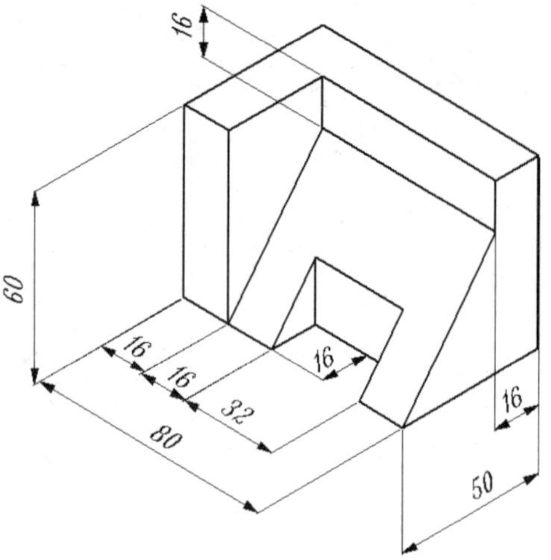

图 5.38　习题 8 图

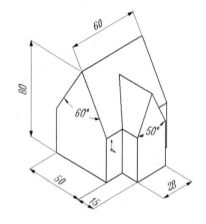

图 5.39　习题 9 图

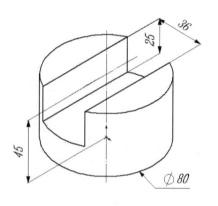

图 5.40　习题 10 图

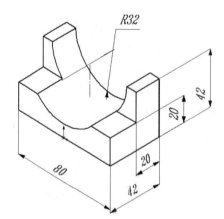

图 5.41　习题 11 图

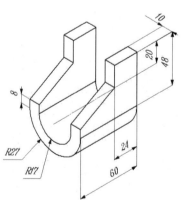

图 5.42　习题 12 图

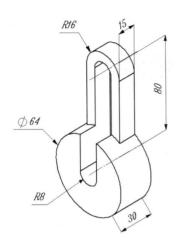

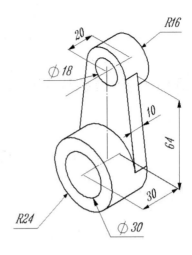

图 5.43　习题 13 图　　　　　图 5.44　习题 14 图

第 6 章　AutoCAD 绘制常用机械图形

6.1　绘制轴套类零件

6.1.1　案例介绍及知识要点

绘制如图 6.1 所示的从动轴图形。

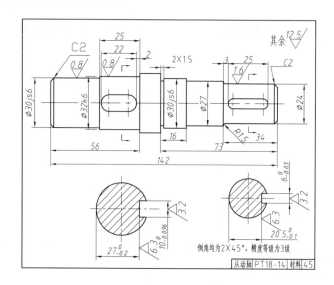

图 6.1　从动轴图形

知识点:

- 掌握轴套类零件的绘制方法。
- 掌握填充命令的使用方法。
- 掌握移出断面的绘制方法。

6.1.2　操作步骤

1. 新建文件

选择 A4 图纸样板,建立新文件"从动轴"。

2. 绘制从动轴基准线

选择中心线图层,执行直线 line 命令,在界面处适当位置绘制长度约 150mm 的中心线,然后换成粗实线图层,继续执行直线 line 命令,在中心线左端处利用对象捕捉的捕捉临时

追踪点  和捕捉最近点 ，绘制长度为 30mm 的直线，如图 6.2 所示。

图 6.2 绘制从动轴基准线

3. 绘制从动轴图形(1)

执行偏移 offset 命令，将左边粗实线分别向右偏移 2mm 和 31mm，继续执行偏移命令，将中心线向上、下分别偏移 15mm，得到如图 6.3(a)所示的图形；将偏移的中心线换成粗实线图层，执行修剪命令，得到图形如图 6.3(b)所示。

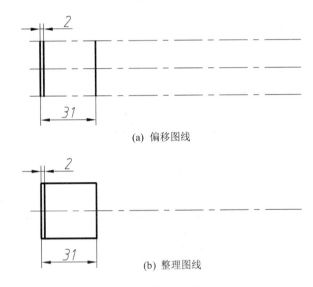

(a) 偏移图线

(b) 整理图线

图 6.3 绘制从动轴图形(1)

4. 绘制从动轴图形(2)

执行偏移 offset 命令，将左边粗实线向右偏移 5mm，继续执行偏移命令，将中心线向上、下分别偏移 16mm，得到如图 6.4(a)所示图形；将偏移的中心线换成粗实线图层，执行修剪命令，以转换为粗实线的线段为边界，按住 Shift 键，将右边的两条粗实线分别延伸到边界，得到的图形如图 6.4(b)所示；松开 Shift 键执行修剪命令，剪去多余图线，得到如图 6.4(c)所示的图形。

5. 绘制键槽

执行偏移 offset 命令，将左边粗实线向右偏移 6mm，将右边粗实线向左偏移 7mm；继续执行偏移命令，将中心线向上、下分别偏移 5mm，得到如图 6.5(a)所示的图形；将偏移的中心线换成粗实线图层，将粗实线转换为中心线图层，执行修剪命令，整理后得到如图 6.5(b)所示的图形；在粗实线图层执行圆角命令，在两端绘制圆弧，得到如图 6.5(c)所示的图形。

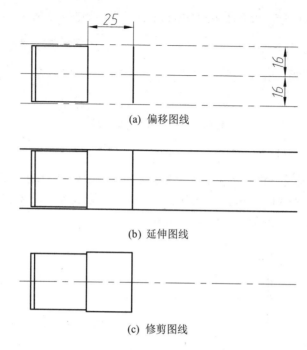

(a) 偏移图线

(b) 延伸图线

(c) 修剪图线

图 6.4　绘制从动轴图形(2)

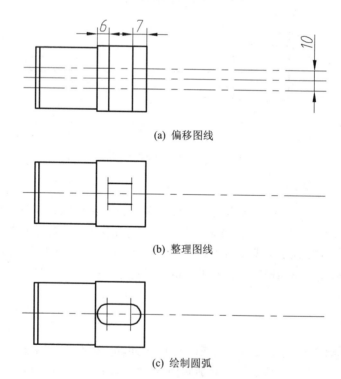

(a) 偏移图线

(b) 整理图线

(c) 绘制圆弧

图 6.5　绘制从动轴左键槽

6. 绘制从动轴轮廓图

按照上述方法，执行偏移、转换图层和修剪命令，绘制右边的其他图线，包括右键槽，得到如图 6.6 所示的图形。

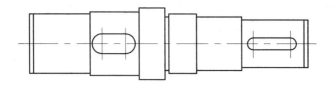

图 6.6 绘制从动轴轮廓图

7. 绘制从动轴圆弧

转换粗实线图层，在右键槽处绘制半径为 1.5mm 的粗实线圆弧，采用不修剪模式圆角命令绘制，圆角半径为 1.5mm，如图 6.7(a)所示；然后修剪整理，如图 6.7(b)所示。

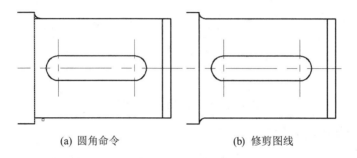

(a) 圆角命令   (b) 修剪图线

图 6.7 绘制从动轴圆弧

8. 倒角

修剪整理后，执行倒角命令，选择【角度(A)】选项，输入距离 2mm，角度 45°，选择 "多个(M)" 选项，将四个角进行倒角，如图 6.8 所示。

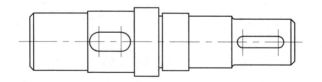

图 6.8 绘制从动轴倒角

9. 绘制从动轴剖切符号

在粗实线图层执行多段线命令，利用其宽度绘制剖切位置符号，如图 6.9 所示。

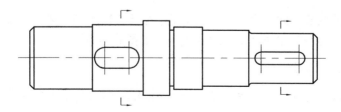

图 6.9 绘制从动轴剖切符号

10. 绘制从动轴移出断面

在剖切符号的正下方绘制移出断面的中心线(中间留出标注尺寸的地方)，在粗实线图层绘制左边直径为 32mm、右边直径 24mm 的圆，如图 6.10 所示。

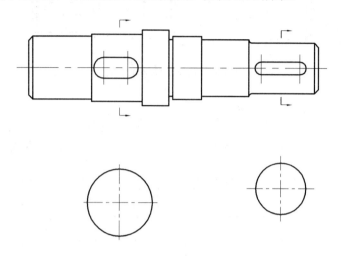

图 6.10　绘制从动轴移出断面

11. 绘制从动轴移出断面键槽

执行偏移命令，将中心线分别偏移 5mm、3mm、11mm 和 7.5mm，如图 6.11 所示。

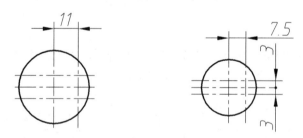

图 6.11　绘制从动轴移出断面键槽

12. 绘制从动轴移出断面剖面线

将偏移后的中心线变为粗实线图层，执行修剪命令，完成图形，如图 6.12(a)所示；在细实线图层执行填充命令，完成图形，如图 6.12(b)所示。

13. 注写技术要求

选择文字样式为建立的文字，在辅助线图层执行单行或多行文字命令，填写技术要求；一般选择多行文字命令，完成技术要求的填写，如图 6.13 所示。

14. 标注尺寸、填写标题栏

选择合适的尺寸标注样式，标注尺寸；插入粗糙度图块和标题栏图块，并填写标题栏，完成图形。

(a) 修剪后图形

(b) 填充后图形

图 6.12 绘制从动轴移出断面剖面线

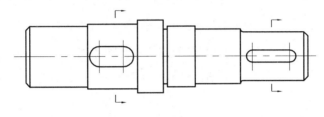

倒角均为2×45°，精度等级为3级

图 6.13 绘制从动轴技术要求

6.1.3 知识总结——填充命令的使用

要进行图案填充，需要确定的项目主要有三个，分别为：填充的图案、填充的区域、图案填充的方式。

单击【绘图】工具栏上的【图案填充】按钮，出现【图案填充和渐变色】对话框，如图 6.14 所示。

1. 设置填充的图案

(1) 在【类型和图案】选项组中，单击【图案】下拉列表框后的 按钮，出现【填充图案选项板】对话框，打开 ANSI 选项卡，选择 ANSI31 图案，如图 6.15 所示，单击【确定】按钮。

(2) 在【角度和比例】选项组的【角度】下拉列表框中选择图形旋转角度，在【比例】下拉列表框中选择比例，以保证剖面线有适当的疏密程度。

(3) 选中【使用当前原点】单选按钮，控制填充图案生成的起始位置。

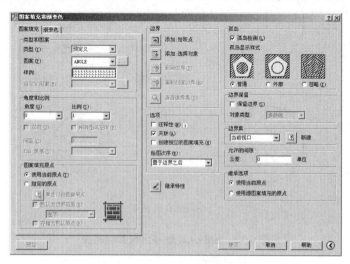

图 6.14 【图案填充和渐变色】对话框

图 6.15 选择图案

2. 设置填充区域

可以选择【边界】组给定的方式来指定图案填充的边界。

- 【添加：拾取点】 : 指定对象封闭的区域中的点。单击该按钮，系统临时关闭对话框，可以直接用鼠标单击要填充的区域，其填充边界要求图形必须是封闭的。
- 【添加：选择对象】 : 选择封闭区域的对象。根据构成封闭区域的选定对象确定边界。单击该按钮，临时关闭对话框，根据需要选择对象，构成填充边界。这种方式一般用于填充边界不封闭的区域。

3. 设置图案填充方式

在【选项】组确定填充图案的相互关系。

- 注释性：可以在打印中或者在屏幕上显示不同的比例的填充图案。
- 创建独立的图案填充：默认情况下，当同时确定几个独立的闭合边界时，图案是一个对象；可以通过创建独立的图案填充将图案变为各自独立的对象，相当于分别填充，得到各自的对象，有几个区域，就有几个对象。
- 【关联】：控制图案填充或填充的关联。关联的图案填充在修改其边界时，图案将随边界更新而更新，如图 6.16 所示。

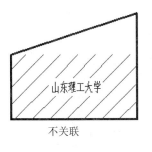
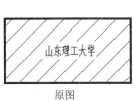
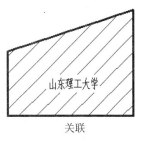

不关联　　　　　　　　　　原图　　　　　　　　　　关联

图 6.16　关联与不关联

在【孤岛】选项组中确定图案填充的方式。

位于填充区域内部的封闭区域称为孤岛。孤岛内的封闭区域也是孤岛，孤岛可以相互嵌套。孤岛的显示样式有：普通、外部、忽略。三种方式显示如图 6.14 对话框所示。

- 普通：从外部边界向内填充。如果 HATCH 遇到内部孤岛，将关闭图案填充，直到遇到该孤岛内的另一个孤岛。
- 外部：从外部边界向内填充，如果 HATCH 遇到内部孤岛，它将关闭图案填充。此选项只对结构的最外层进行图案填充，而结构内部保留空白。
- 忽略：忽略所有内部的对象，填充的图案将通过这些对象。

4. 编辑图案填充

图案填充后，有时需要修改图案填充或图案填充的边界，可以使用【编辑图案填充】(hatchedit)命令对图案填充进行方便、快捷的编辑和修改。

双击填充图案，出现【图案填充编辑】对话框，边界处的【删除边界】和【重新创建边界】由虚变实，此时可以删除边界或重新创建边界。

6.1.4　知识总结——轴套类零件绘制要点

轴套类零件主要在车床上进行加工，所以主视图按形状和加工位置选择。画图时，将零件的轴线水平放置，便于加工时读图看尺寸，大端在左面、小端在右面，键槽和孔结构一般朝前，也可以朝上。根据轴套类零件的结构特点，配合尺寸标注，一般只用一个基本视图表示，对于零件上的一些细小结构，如键槽、孔等，通常采用移出断面、局部剖视图方法表示；砂轮越程槽、退刀槽、中心孔等可用局部放大图方法表示。

执行直线命令绘制中心线，确定视图的位置；然后根据给定的尺寸，从左端开始绘制，执行偏移和修剪命令，最后整理并标注尺寸。

也可以执行直线命令绘制轴类零件轴线一侧的图形，再执行镜像和合并命令完成另一半的绘制，最后绘制键槽和孔等结构，从而完成轴类零件的绘制。

6.2　绘制盘类零件

6.2.1　案例介绍及知识要点

绘制如图 6.17 所示的主轴承盖。

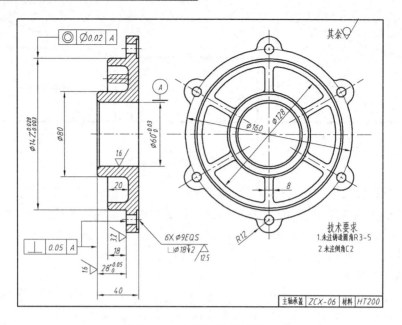

图 6.17　主轴承盖零件图

知识点：

- 掌握盘类零件的绘制方法。
- 掌握重合断面方法。

6.2.2　操作步骤

1. 新建文件

选择 A3 图纸样板，建立新文件"主轴承盖"。

2. 绘制基准线

选择中心线图层，执行直线命令，在界面处适当位置绘制中心线，如图 6.18 所示。

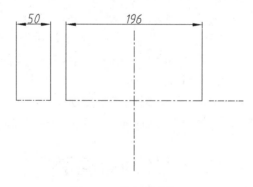

图 6.18　绘制基准线

3. 绘制左视图的圆

根据图中的图线样式选择不同的图层，执行圆命令，根据图中圆的半径，先绘制左视图的各个圆，如图 6.19 所示。

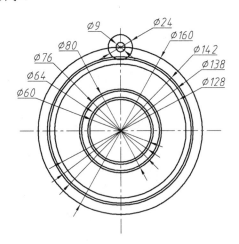

图 6.19　绘制左视图中的圆

4. 绘制肋板

将竖直中心线向左、右两侧分别偏移 4mm，选定一个粗实线圆，利用特性匹配命令，将偏移后的中心线变为粗实线，执行修剪和夹点编辑命令，并执行圆角命令，设置半径为 3mm，选择修剪模式，如图 6.20 所示。

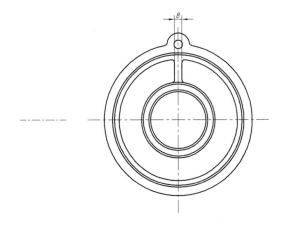

图 6.20　整理后的左视图

5. 阵列

执行环形阵列命令，中心点选择中心线的交点，选择的对象为 $R12$ 圆弧、$\phi 9$ 圆、相距为 8mm 的直线和所有的圆角，阵列数目为 6，填充角度为 360°，阵列后的图形如图 6.21 所示。

6. 完成左视图

将圆与圆角的交点处全部都执行打断于点命令，分别打断；执行起点-圆心-端点圆弧命令，选用中心线图层，绘制 $\phi 160$ 圆中修剪掉的圆弧，选择绘制的圆弧，单击【特性匹配】

按钮，将打断后其余 5 个凸台的内 $\phi 160$ 圆弧变成中心线；执行修剪命令，将中间肋板 $\phi 128$ 圆处与圆角相交处剪掉；在中心线图层，用直线连接 $\phi 160$ 的圆心和所有 $\phi 9$ 的圆心，执行拉长命令，选择动态方式，将绘制的连接线，调整到合适的长度和位置，如图 6.22 所示。

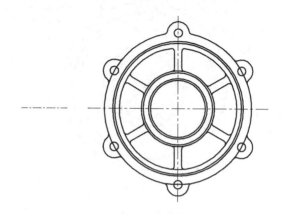

图 6.21　阵列后的左视图

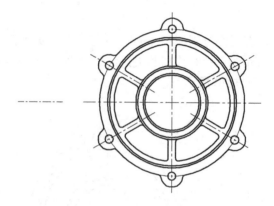

图 6.22　整理后的左视图

7. 主视图外廓

选择粗实线图层，执行直线命令，利用对象追踪方式绘制主视图的外轮廓，由于上、下对称，先绘制上半部分，如图 6.23 所示。

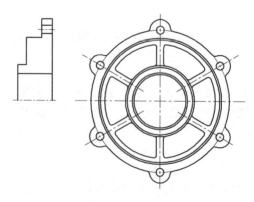

图 6.23　主视图外廓

8. 绘制沉头孔、倒角和圆角

根据图中给定的尺寸，绘制主视图其他的部分：沉头孔、倒角和圆角等结构，且在细实线图层绘制重合断面结构，如图 6.24 所示。

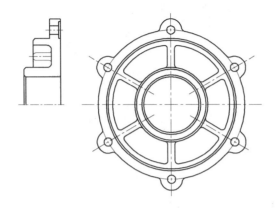

图 6.24　主视图上半部分结构

9. 完成主轴承盖视图

除去重合断面部分，选择主视图其他图线，执行镜像命令，然后选择细实线图层，执行填充命令，绘制剖面线，注意重合断面要与其他部分剖面线错开，如图 6.25 所示。

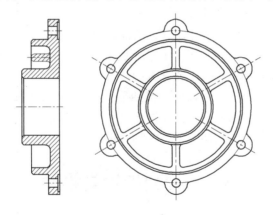

图 6.25　主轴承盖视图

10. 添加标注

选择标注图层，插入模板带有粗糙度的图块，注写表面粗糙度 Ra 数值，插入标题栏图块，填写标题栏块的属性；执行单行或多行文字命令，注写技术要求；选择合适的标注样式标注尺寸，其中引出标注和形位公差标注，可以采用快速引线(qleader)命令。在命令行输入快速引线 qleader 命令后按 Enter 键，输入 S 后按 Enter 键，弹出【引线设置】对话框，如图 6.26 所示；在【注释】选项卡中选择注释类型为【多行文字】，作为引线标注，如标注 "6×ϕ9EQS" 等，可以在【附着】选项卡中设置引线后面多行文字的位置；若【注释】选项卡中选择注释类型为公差，可以标注形位公差，则无最后的【附着】选项卡。标注符号 "⌴"、"▽"、"∨" 时，在【字符映射表】里面选择 AMGDT 字体，找到并插入这些符号。

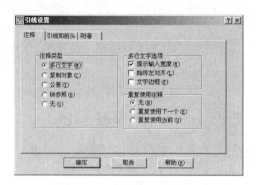

图 6.26 【引线设置】对话框

11. 完成全图

整理图形，完成全图。

6.2.3 知识总结——盘盖类零件绘制要点

盘盖类零件的主视图一般按加工位置水平放置，但有些较复杂的盘盖，因加工工序较多，主视图也可按工作位置画出。

盘盖类零件一般需要两个以上的基本视图。根据结构特点，视图具有对称面时，可作半剖视；无对称面时，可作全剖或局部剖视，以表达零件的内部结构；另一基本视图主要表达其外轮廓以及零件上各种孔的分布。

其他结构形状如轮辐和肋板等可用移出断面或重合断面，也可用简化画法。

盘盖类零件也是装夹在卧式车床的卡盘上加工的，与轴套类零件相似，其主视图主要遵循加工位置原则，即应将轴线水平放置画图。

画盘盖类零件时，画出一个图以后，要利用"高平齐"原则画另一个视图，以减少尺寸输入；对于对称图形，先画出一半，再镜像生成另一半。

复杂的盘盖类零件图中的相切圆弧有 3 种画法：画圆修剪、圆角命令、作辅助线。

6.3 绘制齿轮类零件

6.3.1 案例介绍及知识要点

绘制如图 6.27 所示的齿轮零件图。

知识点：

掌握齿轮零件的绘制。

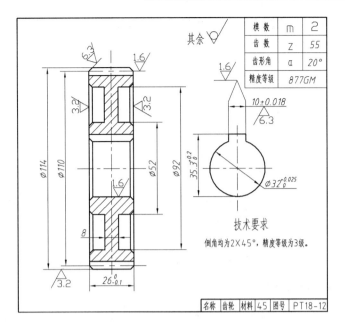

模 数	m	2
齿 数	Z	55
齿形角	α	20°
精度等级		877GM

技术要求

倒角均为2×45°，精度等级为3级。

| 名称 | 齿轮 | 材料 | 45 | 图号 | PT18-12 |

图 6.27   齿轮零件图

6.3.2   操作步骤

1. 新建文件

选择 A4 图纸样板，建立新文件"齿轮"。

2. 绘制基准线

选择中心线图层，执行直线命令，在界面处适当位置绘制中心线，利用偏移命令，使水平中心线向下 55mm 处偏移分度线；转换至粗实线图层，执行直线命令，在上面中心线左端处捕捉最近点，利用极轴垂直向下绘制长度为 57mm 的直线，然后利用极轴水平向右绘制长度为 26mm 的直线，最后垂直向上利用极轴交点绘制到中心线上，得到如图 6.28 所示的图形。

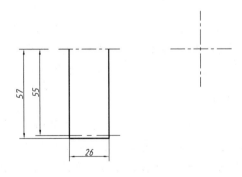

图 6.28   绘制齿轮基准线

3. 绘制齿轮内孔和槽的轮廓线

执行直线命令，利用对象捕捉和对象追踪在外轮廓与水平中心线交点向下 52.5mm 处绘制齿根线；继续利用对象捕捉和对象追踪，利用直接输入距离数值法绘制如图 6.29 所示如尺寸的内孔和槽的轮廓线。

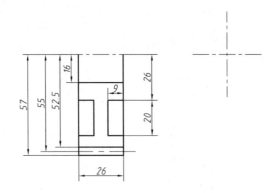

图 6.29　绘制齿轮内孔和槽的轮廓线

4. 绘制齿轮内孔和槽的倒角

选择粗实线图层，执行倒角命令，选择【距离(D)】选项，输入两个距离 2mm，选择修剪模式，执行"多个(M)"选项，将下面的两边倒角，然后选择"修剪(T)"选项，选择不修剪方式，将中间的六个位置倒角，按 Enter 键结束倒角命令；执行修剪命令，去除多余的线段；执行直线命令，绘制倒角的四条边线；得到如图 6.30 所示的图形。

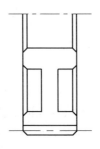

图 6.30　绘制齿轮内孔和槽的倒角

5. 镜像

执行镜像命令，利用叉选和选择命令，将中心线下面除内孔倒角和其轮廓线外所有的图线全部选择，以中心线两边的端点为镜像点，不删除源对象，完成镜像；执行合并命令，将中心线两边的八条边线分别合并为四个对象；得到如图 6.31 所示的图形。

6. 绘制齿轮局部视图过程

在粗实线图层执行圆命令，在左视图处绘制直径为 32mm 的圆；执行直线命令，利用对象捕捉和对象追踪在局部视图的圆与垂直中心线上交点向上 3.3mm 处确定键槽线第一点，如图 6.32(a)所示，用极轴水平向左输入 5mm，确定第二点，如图 6.32(b)所示，垂直向下捕捉极轴与圆的交点为第三点，如图 6.32(c)所示；执行镜像命令，选择绘制的两段直线，以垂直中心线两边的端点为镜像点，不删除源对象，完成镜像；执行合并命令，将上边的两段直线合并为一个对象；执行修剪命令，剪去键槽内的圆弧；得到如图 6.32(d)所示的图形。

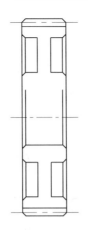

图 6.31　绘制齿轮镜像后的图形

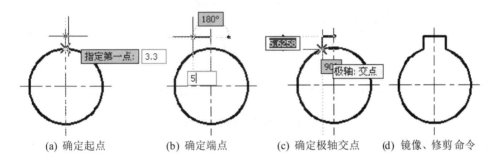

(a) 确定起点　　(b) 确定端点　　(c) 确定极轴交点　　(d) 镜像、修剪命令

图 6.32　绘制齿轮局部视图过程

7. 绘制齿轮键槽线

在粗实线图层执行直线命令，利用对象捕捉和对象追踪确定局部视图的最上点，向左水平移动光标，找到与主视图的极轴交点，确定第一点，如图 6.33(a)所示，继续水平向左移动光标找到与主视图右边线的极轴交点，确定第二点，如图 6.33(b)所示。

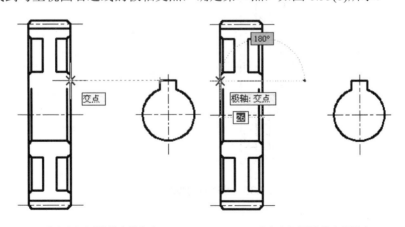

(a) 确定主视图键槽直线起点　　　　(b) 确定主视图键槽直线端点

图 6.33　绘制齿轮键槽线

8. 绘制齿轮键槽线和倒角

在细实线图层执行圆命令，在局部视图绘制直径为 36mm 的辅助圆；利用步骤(7)的方法，在主视图上绘制与局部视图的两个圆弧与键槽侧边直线的交点一样高的两条直线，一条是轮廓线，另一条为辅助线，如图 6.34(a)所示；在粗实线图层执行直线命令，绘制两个倒角，如图 6.34(b)所示。

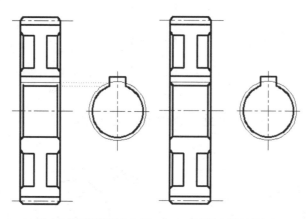

(a) 确定主视图键槽倒角位置　　　(b) 绘制主视图键槽倒角

图 6.34　绘制齿轮键槽线和倒角

9. 齿轮图形的图案填充

执行删除命令，删除辅助线；执行修剪命令，将多余线段修剪掉；在细实线图层执行图案填充命令，选择图案为 ANSI31，选择图 6.35 所示的填充位置，其他选择默认设置，单击【确定】按钮，完成填充，得到如图 6.35 所示的图形。

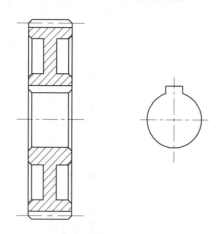

图 6.35　齿轮图形的图案填充

10. 添加标注

选择边框标题栏图层绘制图形的外边框，选择标注图层，插入模板带有标题栏的图块，填写名称、单位等块属性；采用"非圆直径"的标注样式，标注线性尺寸为圆直径，采用"机械样式"标注其他尺寸，尺寸公差在【特性】选项板中添加，例如 $\phi 32^{+0.025}_{0}$ 尺寸标注，

在标注 $\phi 32$ 直径尺寸后，选择此尺寸，打开【特性】选项板，在【公差】栏目中，填写内容，如图 6.36 所示。

图 6.36　标注尺寸公差

11. 完成全图

选择标注图层插入模板带有粗糙度的图块，注写 Ra 数值，执行单行或多行文字命令，注写技术要求，整理后完成全图。

6.3.3　知识总结——齿轮类零件绘制要点

1. 单个圆柱齿轮的画法

单个圆柱齿轮的画法如图 6.37 所示。

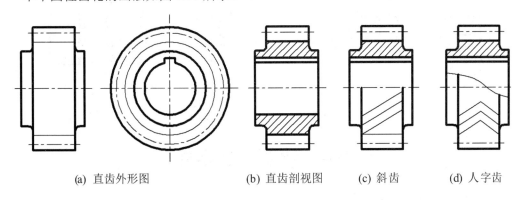

(a) 直齿外形图　　　(b) 直齿剖视图　　　(c) 斜齿　　　(d) 人字齿

图 6.37　单个圆柱齿轮的画法

(1) 根据国标规定，在齿轮的图样中一般用两个视图来表示齿轮的结构形状，如图 6.37(a)所示。其中在齿轮轴线平行于投影面的视图中，可用两种方式来表达。除了图 6.37(a)中用外形视图表达外，还可用剖视图来表示，例如：全剖视图、半剖视图或局部剖视图，分别如图 6.37(b)、6.37(c)、6.37(d)所示。

(2) 在图 6.37(a)中，齿顶圆和齿顶线用粗实线绘制；分度圆和分度线用点画线绘制，齿根圆用细实线绘制(也可省略不画)，而齿根线在外形视图中用细实线绘制(也可省略不画)，在剖视图中则用粗实线绘制。齿轮其他结构按常规方法绘制。

(3) 在剖视图中，当剖切平面通过齿轮轴线时，轮齿一律按不剖绘制，如图6.37(b)、6.37(c)、6.37(d)所示。对于斜齿圆柱齿轮和人字齿圆柱齿轮，其轮齿用三条倾斜平行的细实线画出，如图6.37(c)、6.37(d)所示。

2. 相互啮合的圆柱齿轮的画法

相互啮合的圆柱齿轮的画法如图6.38所示。在单个圆柱齿轮画法的基础上，注意以下几点。

(1) 相互啮合的两圆柱齿轮的剖视画法如图6.38(a)所示；啮合区画5条线(实、实、点画、虚、实)，即粗实线(从动齿轮齿根圆)、粗实线(主动齿轮齿顶圆)、点画线(分度圆)、虚线(从动齿轮齿顶圆)、粗实线(主动齿轮齿根圆)。图6.38(b)为省略画法，只绘出相交的外形曲线。

(2) 相互啮合的两圆柱齿轮的分度圆相切，用点画线绘制，如图6.38(a)所示；外形图相切处的分度线只画一条粗实线，如图6.38(c)所示。

(3) 齿顶线与另一个齿轮齿根线之间有0.25mm间隙。

(4) 斜齿(人字齿)齿线在图中应对称绘制，如图6.38(c)所示。

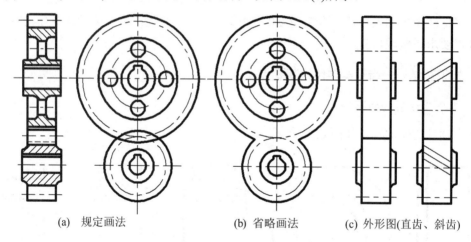

(a) 规定画法   (b) 省略画法   (c) 外形图(直齿、斜齿)

图6.38　圆柱齿轮啮合画法

6.4　绘制叉类零件

6.4.1　案例介绍及知识要点

绘制如图6.39所示的叉架类零件图。

知识点:

掌握叉架类零件的绘制方法。

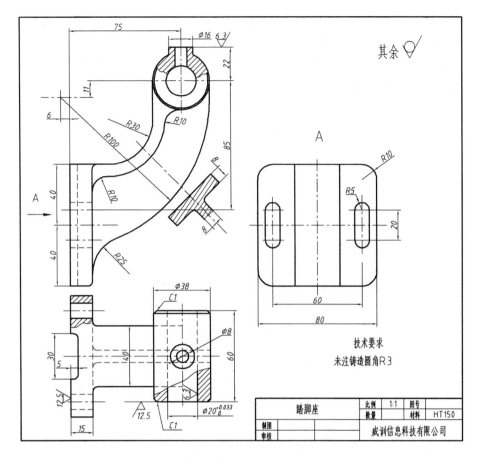

图 6.39　踏脚座

6.4.2　操作步骤

1. 新建文件

选择 A3 图纸样板,建立新文件"踏脚座"。

2. 制基准线

选择中心线图层,执行直线和圆的命令,在界面处适当位置绘制中心线、边界线,如图 6.40 所示。

3. 绘制俯视图

根据图中尺寸执行偏移命令,然后转换为合适的图层,利用夹点编辑模式或者修剪命令,绘制俯视图轮廓;执行不修剪的圆角命令和修剪的倒角命令后,用夹点编辑模式整理,绘制倒角线;对于线段中部分虚线的部分,用打断于点命令,捕捉断开点打断,转换为虚线图层,得到如图 6.41 所示的俯视图。

4. 绘制主视图

选择适当图层,绘制主视图,执行各种命令绘制好上下两部分图线后,中间连接部分先绘制水平和垂直部分的直线，执行圆角(修剪)命令，半径为30mm；然后偏移圆角命令做的圆弧 8mm；再次执行圆角(不修剪)命令，半径为 10mm，利用延伸命令使其相交；做出 $R100$ 圆弧的圆心辅助线，绘制 $R100$ 圆弧，执行圆角(不修剪)命令，半径为 25mm；利用夹点编辑模式整理，得到如图 6.42 所示图形。

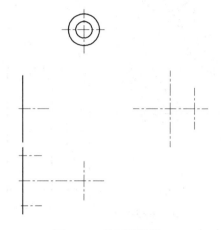

图 6.40　绘制基准线

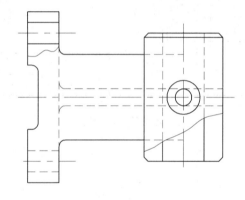

图 6.41　绘制俯视图

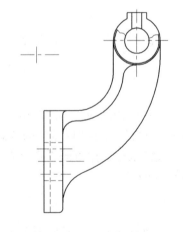

图 6.42　绘制主视图

5. 绘制主视图的移出断面图

在中心线图层绘制过 R30 圆心的辅助径向直线，在粗实线图层绘制一条与辅助径向线垂直的直线，且将此直线执行拉长命令，选择选项【全部(T)】，输入数值 20，单击此垂线的上部完成绘制，如图 6.43(a)所示；执行镜像命令将直线镜像，执行合并命令，使其合并为一个对象；最后执行偏移、圆角、修剪和样条曲线命令，绘制余下部分的图形，如图 6.43(b)所示。

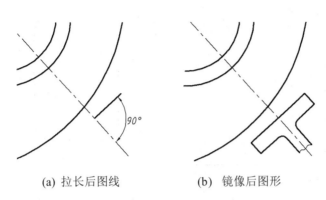

(a) 拉长后图线　　　　　(b) 镜像后图形

图 6.43　绘制移出断面

6. 绘制 A 向局部视图

执行偏移命令，完成轮廓线的绘制，然后执行夹点编辑命令整理图形，最后执行圆角(修剪)命令完成局部视图的绘制；如图 6.44 所示图形。

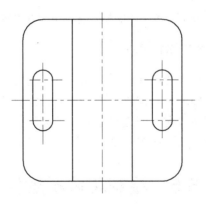

图 6.44　绘制局部视图

7. 填充剖面线，标注尺寸

填充剖面线，标注尺寸，注写技术要求和剖视符号；如图 6.45 所示。

8. 绘制标题栏

绘制边框，插入标题栏图块，注写标题栏，完成全图。

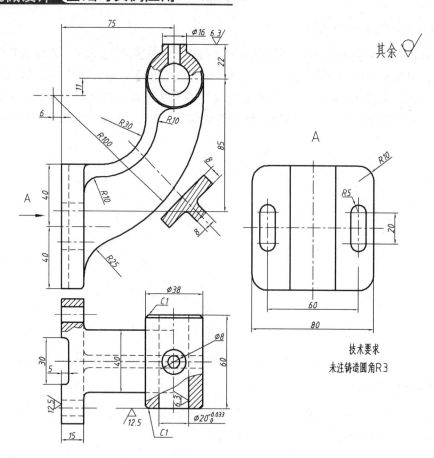

图 6.45 填充剖面线以及标注尺寸技术要求

6.4.3 知识总结——叉架类零件绘制要点

叉架类零件由于加工位置多变，在选择主视图时，主要考虑形状特征或工作位置，这类零件结构较复杂，需经多种加工，常以工作位置或自然位置放置，主视图主要由形状特征和工作位置来确定，主视图投射方向选择最能反映其形状特征的方向，一般需要两个以上的基本视图，并用斜视图、局部视图，以及剖视、断面图等表达内外形状和细部结构。

6.5 绘制箱体类零件

6.5.1 案例介绍及知识要点

绘制如图 6.46 所示的减速箱箱体。

知识点：

掌握箱体类零件的绘制方法。

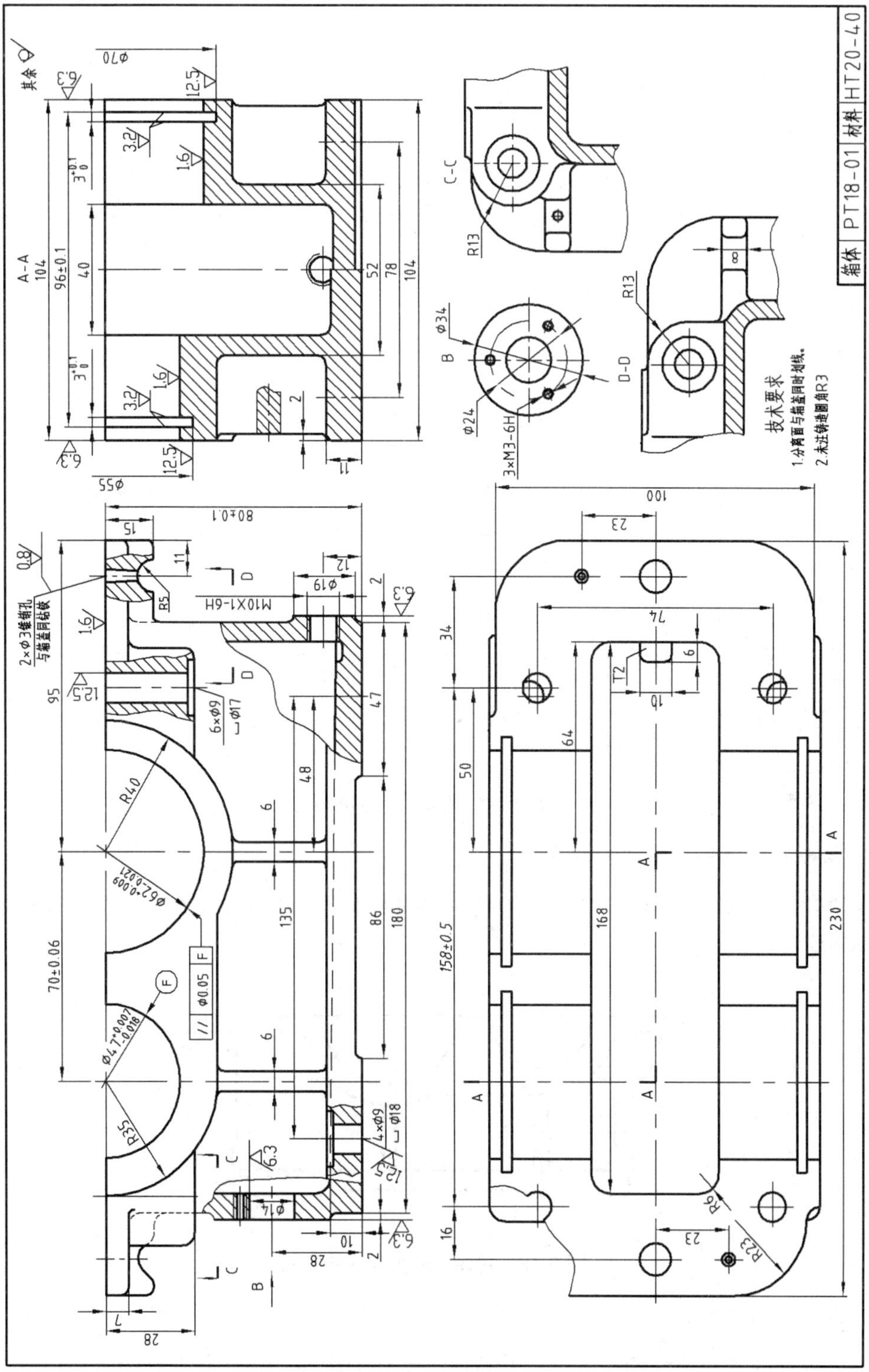

图 6.46 减速箱箱体零件图

6.5.2 操作步骤

1. 新建文件

选择 A3 图纸样板，建立新文件"减速箱箱体"。

2. 绘制基准线

选择中心线图层，执行直线命令，在界面处适当位置绘制三个视图的中心线，然后新建一个辅助线图层，在辅助线图层，执行直线命令，绘制视图的边界基准线，如图 6.47 所示。

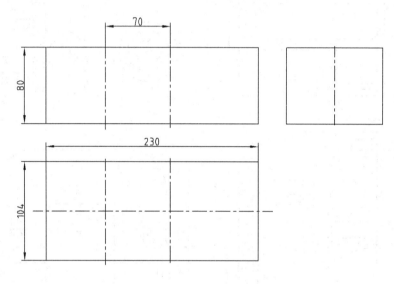

图 6.47　箱体零件基准线

3. 绘制箱体零件主视图外轮廓

先绘制主视图，根据给定的尺寸绘制主视图的外形；用圆角命令绘制圆弧连接处，如图 6.48 所示。

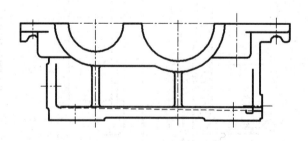

图 6.48　箱体零件主视图外轮廓

4. 绘制局部剖视图

根据给定的其他尺寸绘制主视图其他内部结构的图线，用样条曲线绘制波浪线，进行修剪整理，作出各个局部剖视图，如图 6.49 所示。

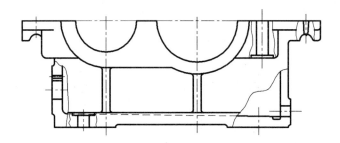

图 6.49　箱体零件绘制局部剖视图

5. 添加剖切线和剖切位置符号

根据给定的其他尺寸，绘制主视图其他内部结构虚线，添加剖面线，同时用多段线命令绘制剖切位置符号，如图 6.50 所示。

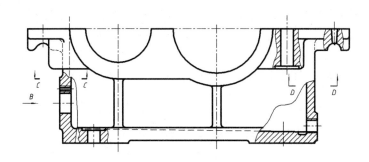

图 6.50　箱体零件主视图

6. 绘制左视图

根据给定图形尺寸，绘制左视图轮廓线；利用对象捕捉和对象追踪，使左视图和主视图“高平齐”，如图 6.51 所示。

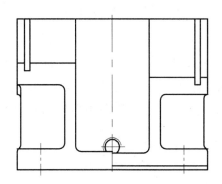

图 6.51　箱体零件左视图轮廓线

7. 绘制重合断面

根据给定图形尺寸，绘制重合断面，用样条曲线绘制波浪线，并且添加剖面线和标注剖视图的名称；得到如图 6.52 所示的图形。注意剖面线要和主视图一致。

A-A

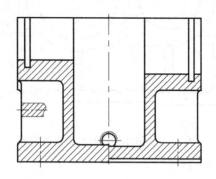

图 6.52 箱体零件左视图

8. 绘制俯视图

根据给定的图形尺寸，先绘制外轮廓；然后绘制俯视图的下方的一半，中间的带圆角的矩形和两个小矩形用矩形命令绘制；绘制中间的竖直线后，进行修剪，然后执行镜像命令，先绘制上半部分，再进行整理修改；用多段线命令绘制剖切位置，用单行文本标注字母 A；注意利用对象捕捉和对象追踪，使俯视图和主视图"长对正"；得到的图形如图 6.53 所示。

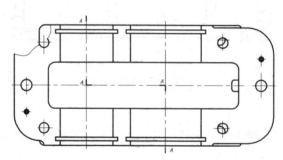

图 6.53 箱体零件左视图

9. 绘制 B 向局部视图

根据给定图形尺寸，先在中心线图层绘制垂直中心线和圆中心线；然后用圆命令绘制螺纹孔的大径和小径圆，利用辅助线剪除大径圆约 1/4 圆弧，采用环形阵列方式绘制其他两个螺纹孔；用单行文本标注字母 B；得到的图形如图 6.54 所示。

B

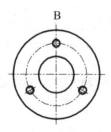

图 6.54 箱体零件 B 向局部视图

10. 绘制 C-C 向局部剖视图

根据给定图形尺寸，先在图中确定视图的位置，绘制中心线；绘制直线，其他位置圆弧可以用圆角命令绘制；剖面线区域可以用偏移命令得到，注意要绘制线段为多段线；用样条曲线绘制波浪线，填充剖面线，要和其他视图剖面线方向和比例一致；用单行文本标注字母 C-C；得到如图 6.55 所示的图形。

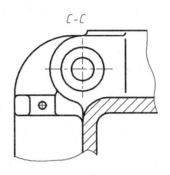

图 6.55　箱体零件 C-C 向局部剖视图

11. 绘制 D-D 向局部剖视图

执行与步骤(10)同样的操作；得到如图 6.56 所示的图形。

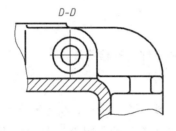

图 6.56　箱体零件 D-D 向局部剖视图

12. 添加标注

选择标注图层，插入模板带有粗糙度的图块，注写 *Ra* 数值，插入标题栏图块，填写标题栏块的属性；执行单行或多行文字命令，注写技术要求；选择合适的标注样式标注尺寸。

13. 整理图形，完成全图

6.5.3　知识总结——箱体类零件绘制要点

箱体类零件加工位置多变，一般经多种工序加工而成，选择主视图时，主要考虑形状特征或工作位置。由于零件结构较复杂，常需三个以上的图形，并广泛地应用各种方法来表达。

通常采用通过主要支承孔轴线的剖视图表达其内部形状，对零件的外形也要采用相应的视图来表达清楚。箱体上的一些细小的结构常用局部视图、局部剖视、断面图等表示。

6.6　绘制标准件

6.6.1　案例介绍及知识要点

按照比例画法绘制螺栓头，如图 6.57 所示，其公称直径 d=1mm，将其制做成图块，可以利用比例缩放命令和块的插入时确定插入比例，插入装配图中各种尺寸的螺栓。

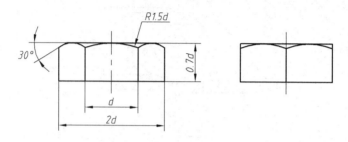

图 6.57　螺栓头的比例画法

知识点：

掌握标准件的一般绘制方法。

6.6.2　操作步骤

1. 新建文件

选择 A4 图纸样板，建立新文件"螺栓头"。

2. 绘制基准线

将中心线图层置为当前层，执行直线命令，绘制高度为 1mm 的中心线；然后将细实线图层置为当前层，执行多边形命令绘制外接圆半径为 1mm 的六边形，作为辅助多边形，注意圆心在中心线的正下方，如图 6.58 所示。

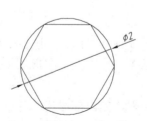

图 6.58　螺栓头的基准线

3. 绘制螺栓的主视图轮廓

将粗实线图层置为当前层，执行直线命令，利用自动捕捉和对象追踪绘制螺栓的主视图轮廓，如图 6.59 所示。

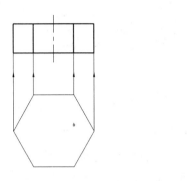

图 6.59 绘制螺栓头主视图的轮廓线

4. 头部倒圆

(1) 在粗实线图层执行圆命令，利用自动捕捉功能捕捉图 6.60(a)中的交点(不要单击)，向下垂直移动光标，用键盘输入 1.5 后按 Enter 键，找到圆心，然后找到图 6.60(b)中的交点后单击，绘制半径为 1.5mm 的圆。

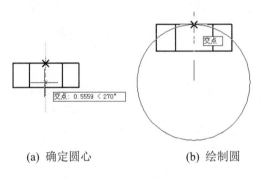

(a) 确定圆心　　　　　　(b) 绘制圆

图 6.60 绘制圆

(2) 执行修剪命令进行修剪；在粗实线图层利用三点圆弧方式绘制圆弧，首先自动捕捉第一点端点(不要单击)，向左移动鼠标指针，自动捕捉与左侧的线段的交点后单击，如图 6.61(a)所示，然后捕捉图 6.61(b)中的端点(不要单击)，停留一下鼠标，显示端点捕捉标记，向右水平移动鼠标指针，捕捉端点标记变为小十字时，输入 0.25 并按 Enter 键，确定第二点；自动捕捉图 6.61(c)的端点，完成三点圆弧的绘制。

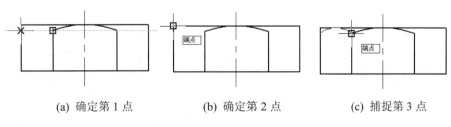

(a) 确定第 1 点　　　　(b) 确定第 2 点　　　　(c) 捕捉第 3 点

图 6.61 绘制圆弧

(3) 将极轴增量设置为 15°，在粗实线图层执行直线命令，捕捉圆弧的左侧端点并单击，移动光标，将极轴角显示为 30°，然后慢慢地沿着直线移动光标，如图 6.62 所示，显示极轴交点后单击，完成绘制。

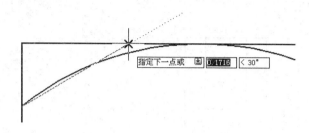

图 6.62　绘制 30° 角线

(4) 执行镜像命令，将圆弧和 30° 角直线沿着图 6.63(a)中的中心线进行镜像，然后执行修剪命令，剪除多余的图线，如图 6.63 所示。

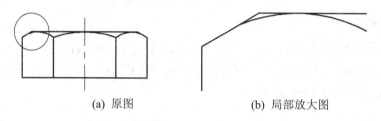

(a) 原图　　　　　　　　　　(b) 局部放大图

图 6.63　完成的螺栓头主视图

5. 绘制左视图轮廓

(1) 在粗实线图层执行直线命令，在辅助六边形中相邻两角作出一条直线，选定此直线，将中间夹点变成热点，如图 6.64(a)所示，右击并在弹出的快捷菜单中选择【旋转】命令，输入 90，按 Enter 键；继续将中间夹点变为热点，拖动光标移动此直线，先将光标在主视图上一点停留一下，出现捕捉端点的显示后向右移动光标到左视图中心线的交点，出现交点显示后单击完成图线的移动，如图 6.64(b)所示，执行直线命令，补画所缺的其他边框线，将主视图中的螺栓头的棱线，复制到左视图中心位置，如图 6.64(c)所示。

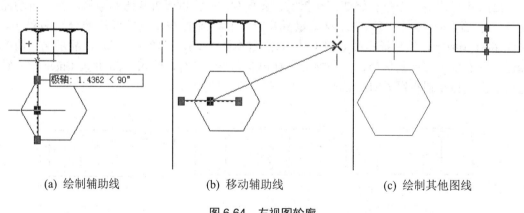

(a) 绘制辅助线　　　　　(b) 移动辅助线　　　　　(c) 绘制其他图线

图 6.64　左视图轮廓

(2) 执行直线命令,在左视图绘制辅助线,如图 6.65(a)所示;执行三点圆弧命令,选择左视图图示 1 点,然后自动捕捉选择中点,将光标放到辅助线之间的位置,当出现中点标记▲后,垂直向上移动光标,找到与直线的交点后单击,如图 6.65(b)所示,确定第二点;捕捉第三点,绘制出圆弧,如图 6.65(c)所示。

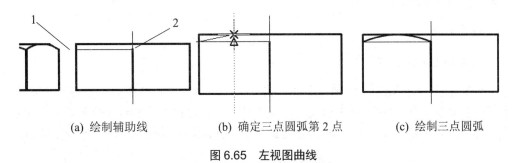

(a) 绘制辅助线　　　　　(b) 确定三点圆弧第 2 点　　　　　(c) 绘制三点圆弧

图 6.65　左视图曲线

(3) 删除辅助线,执行镜像命令,在左视图中将圆弧镜像,保存图形,完成螺栓头的绘制。

6.7　绘制装配图

6.7.1　案例介绍及知识要点

绘制如图 6.66 所示的定滑轮装配图。

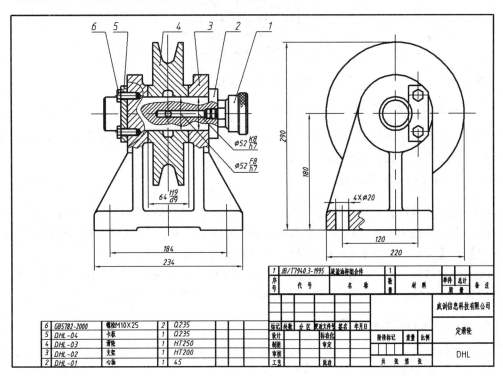

图 6.66　定滑轮装配图

知识点：

- 掌握装配图的图纸布置。
- 掌握装配图的一般表达方法。
- 掌握多重引线的使用。

6.7.2　操作步骤

1. 打开所有的零件图

在给定零件图的基础上，绘制装配图。首先在 AutoCAD 中打开所有已绘制好的零件图，在【窗口】菜单中显示如图 6.67 所示的六个零件。也可以根据需要逐个打开，对于比较少的零件的装配体可以全部打开，对于比较多的零件的装配体则应根据需要打开零件图。

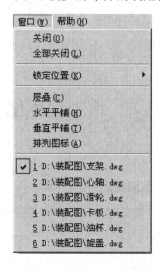

图 6.67　窗口下拉菜单

2. 新建文件，确定装配图的图纸幅面

根据零件的大小及数量确定装配图的图纸幅面，用前面建立的样板新建一个 A2 图，将文件命名为"定滑轮"保存到合适的位置。

3. 将支架复制到装配图中

(1) 选择【窗口】菜单，单击"支架"文件，打开零件图，如图 6.68 所示。

(2) 将零件图中的尺寸标注图层和文字图层都关闭，得到如图 6.69 所示的图形，选择【编辑】|【带基点复制】命令，选择一个基点，复制主视图和左视图。

(3) 在窗口处打开"定滑轮"装配图，单击【粘贴】按钮 ，在装配图界面上选择合适的位置，单击鼠标左键，将支架的主视图和左视图放置在装配图中。

4. 将心轴复制到装配图中

(1) 同样打开心轴的零件图。将尺寸图层关闭，把心轴的主视图带基点复制，选择基点的位置为图 6.70 所示的基点。

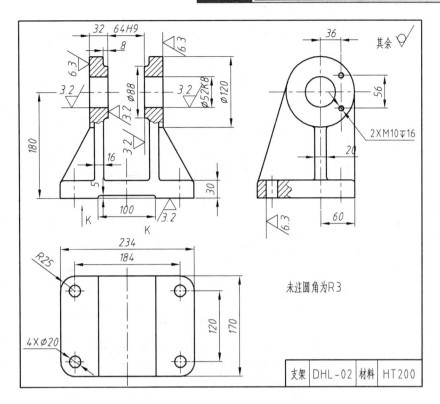

图 6.68　支架零件图

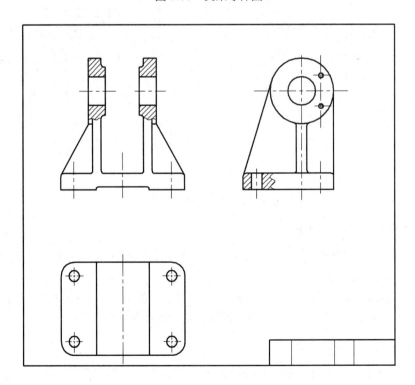

图 6.69　关闭部分图层的支架零件图

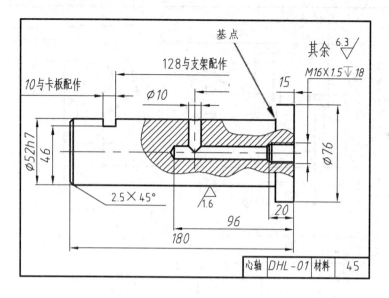

图 6.70　心轴零件图和基点

(2) 打开装配图，单击【粘贴】按钮，将复制的图形放到合适的位置，如图 6.71(a)所示，然后根据需要进行修改图线，得到如图 6.71(b)所示的图形。

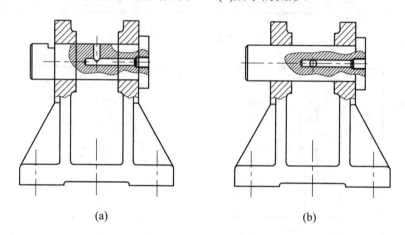

　　　　　　　　(a)　　　　　　　　　　　　　　　　(b)

图 6.71　装配心轴后的图形

5. 将油杯复制到装配图中

(1) 打开油杯的零件图。将尺寸图层关闭，把油杯的视图带基点复制，选择基点的位置为图 6.72 所示的基点。

(2) 打开装配图，单击【粘贴】按钮，将复制的图形放到合适的位置，如图 6.73(a)所示，然后根据需要进行修改图线，得到如图 6.73(b)所示的图形。

6. 将旋盖复制到装配图中

(1) 打开旋盖的零件图。将尺寸图层关闭，把旋盖的视图带基点复制，选择基点的位置为图 6.74 所示的基点。

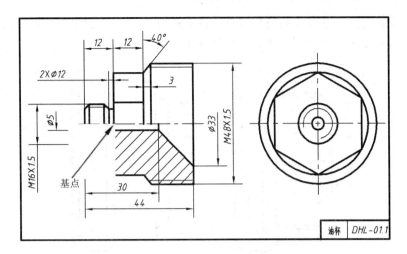

图 6.72　油杯零件图和基点

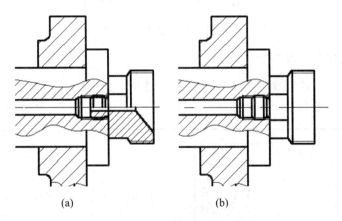

(a)　　　　　　　　　　(b)

图 6.73　装配油杯后的图形

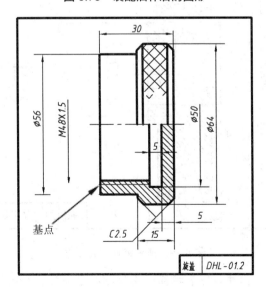

图 6.74　旋盖零件图和基点

(2) 打开装配图,单击【粘贴】按钮,将复制的图形放到合适的位置,如图 6.75(a)所示,然后根据需要修改图线,得到如图 6.75(b)所示的图形。

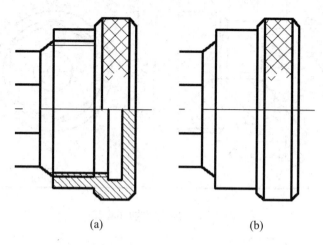

(a)　　　　　　　　　　　(b)

图 6.75　装配旋盖后的图形

7. 将滑轮复制到装配图中

(1) 打开滑轮的零件图。将尺寸图层关闭,把滑轮的主视图带基点复制,选择基点的位置为图 6.76 所示的基点。

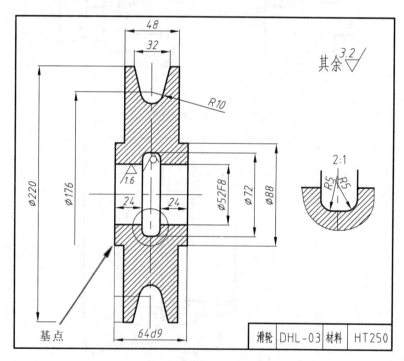

图 6.76　滑轮零件图和基点

(2) 打开装配图,单击【粘贴】按钮,将复制的图形放到合适的位置,如图 6.77(a)所示,然后根据需要修改图线,得到如图 6.77(b)所示的图形。

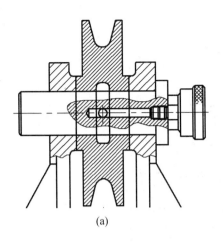
(a)

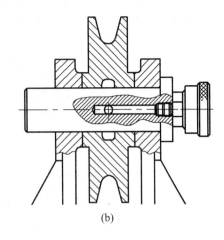
(b)

图 6.77　装配滑轮后的图形

8. 将卡板复制到装配图中

(1) 打开卡板的零件图，如图 6.78 所示。将尺寸图层关闭，把卡板的俯视图带基点复制，选择基点的位置为卡板俯视图上任意一点。

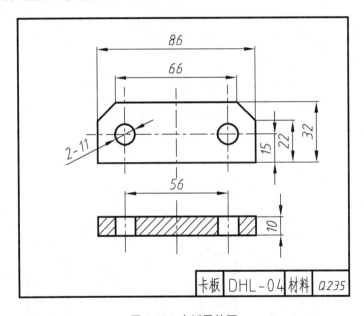

图 6.78　卡板零件图

(2) 打开装配图，单击【粘贴】按钮，将复制的图形放到合适的位置，然后旋转复制的图形，放置到适当的位置，如图 6.79(a)所示，然后根据需要修改图线，得到如图 6.79(b)所示的图形。

(3) 根据国标规定的画法，画出螺栓在主视图的装配图形，如图 6.80 所示。

(4) 打开卡板的零件图，将尺寸图层关闭，把卡板的主视图带基点复制，选择基点的位置为卡板主视图上任意一点。打开装配图，单击【粘贴】按钮，将复制的图形放到合适的位置，然后旋转复制的图形，放置到适当的位置，如图 6.81(a)所示，然后根据需要修改图线，添加螺栓头得到如图 6.81(b)所示的图形。

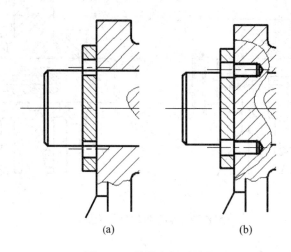

(a)   (b)

图 6.79   装配卡板后的图形

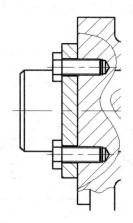

图 6.80   装配螺栓后的主视图

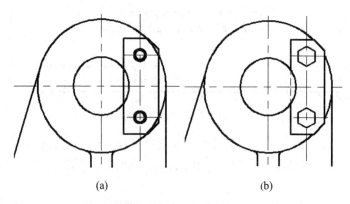

(a)   (b)

图 6.81   装配螺栓后的左视图

9. 在左视图中添加滑轮的轮廓线和心轴的圆

将左视图添加滑轮的轮廓线和心轴的圆，就可以得到装配图的图形，如图 6.82 所示。

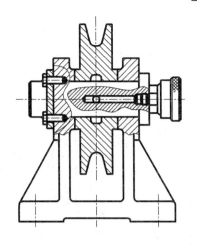
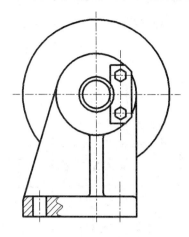

图 6.82　定滑轮装配图

10. 设置布局

单击绘图窗口下方布局 1，同时右击布局 1，选择"页面设置管理器"命令，在弹出的【页面设置管理器】对话框中单击【修改】按钮，选择打印机名称为：DWG To PDF.pc3；图纸尺寸选择 ISO A3(420.00×297.00 毫米)；其他设置为默认，单击【确定】按钮关闭各个对话框。删除虚线框内线框，选择菜单【视图】|【视口】|【一个视口】命令，按 Enter 键，用粗实线图层绘制图形边框；双击视口中间区域转换到浮动模型空间，输入 zoom 后按 Enter 键，输入字母 S 按 Enter 键，输入 0.5xp 按 Enter 键，也就是将比例设为 1∶2，利用实时平移命令，将图形放到合适的位置，如图 6.83 所示。

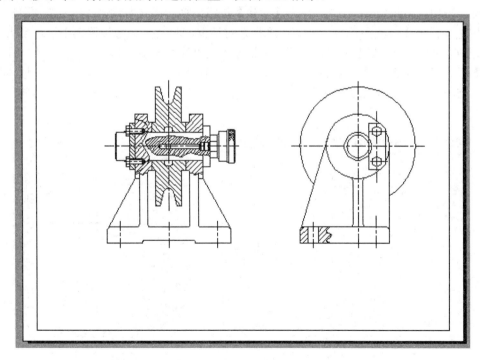

图 6.83　设置 1∶2 的 A3 布局

11. 在布局中标注装配图中的尺寸

双击图外灰色区域转换到图纸空间(布局)，选择合适的样式，标注尺寸，如图 6.84 所示。

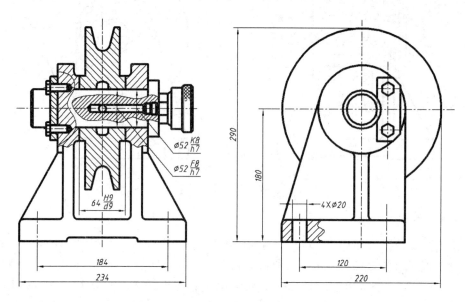

图 6.84　标注装配图尺寸

12. 建立多重引线序号样式

单击【多重引线】工具栏上的【多重引线样式】按钮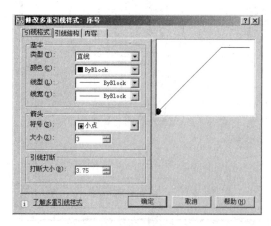，弹出【多重引线样式管理器】对话框，采用 Annotative 样式，单击【新建】按钮，将新样式名输入"序号"，单击【继续】按钮，弹出【修改多重引线样式：序号】对话框，将箭头符号设置为小点，且大小为 3，如图 6.85(a)所示；在【内容】选项卡中将【多重引线类型】设为【多行文字】，【文字样式】设为【数字】，【文字高度】设为 5，引线连接位置设为【所有文字加下划线】，如图 6.85(b)所示，单击【确定】按钮完成序号样式设置，将"序号"样式置为当前，关闭对话框。

(a) 【修改多重引线样式：序号】对话框　　　　(b) 【内容】选项卡

图 6.85　建立多线序号样式

13. 在布局标注序号

(1) 单击【多重引线】工具栏上的【多重引线】按钮 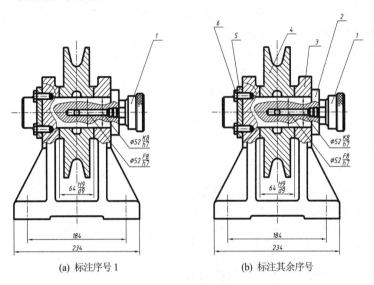 ，单击零件图上一点，作为起点，单击图形外部指定序号的位置，在多行文本中输入序号，单击【确定】按钮，完成一个序号的标注，如图 6.86(a)所示；继续执行【多重引线】命令，分别标注其他序号，如图 6.86(b)所示，完成序号标注。

(a) 标注序号 1   (b) 标注其余序号

图 6.86　标注序号

(2) 单击【多重引线】工具栏上的【多重引线对齐】按钮 ，选择标注的 6 个序号后右击，单击序号 4，将 4 作为基准，如图 6.87(a)所示；将对齐方式显示为水平，单击左键，如图 6.87(b)所示，完成序号标注。

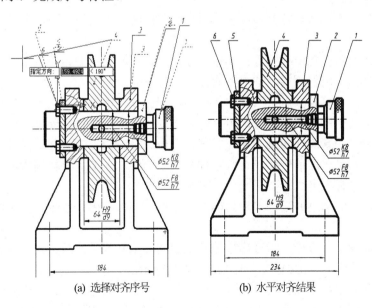

(a) 选择对齐序号   (b) 水平对齐结果

图 6.87　对齐序号

14. 在布局填写标题栏

在布局绘制图形边框，插入标题栏图块，填写标题栏和明细栏。最后得到完整的装配图，如图 6.66 所示。

6.7.3 知识总结——装配图表达方法的选择

装配图的视图表达方法和零件图基本相同，前面介绍的各种视图、剖视图、断面图等表达方法均适用于装配图。

为了正确表达机器或部件的工作原理、各零件间的装配连接关系以及主要零件的基本形状，各种剖视图在装配图中应用极为广泛。

在部件中，往往有许多零件是围绕一条或几条轴线装配起来的，这些轴线称为装配轴线或装配干线。采用剖视图表达时，剖切平面应通过这些装配轴线。

1. 规定画法

装配图的规定画法如下。

(1) 相邻两零件的接触表面和配合表面(包括间隙配合)只画一条轮廓线，不接触表面和非配合表面应画两条轮廓线。如果距离太近，可不按比例夸大画出。

(2) 相邻两金属零件的剖面线，倾斜方向应尽量相反。当不能使其相反时(如三个零件互为相邻)，剖面线的间隔不应相等，或使剖面线相互错开。

(3) 同一装配图中的同一零件的剖面线必须方向一致，间隔相等。

(4) 图形上宽度 2mm 的狭小面积的剖面，允许将剖面涂黑代替剖面符号。对于玻璃等不宜涂黑的材料可不画剖面符号。

2. 简化画法

装配图的简化画法如下。

(1) 在装配图中，可以假想将某些零件(或组件)拆卸后绘制视图，需要说明时也可加注"拆去××"等。

(2) 装配图也可假想沿某些零件的结合面剖切，这时零件的结合面不画剖面线，但被剖到的其他零件应画出剖面线。剖视图的标注方法不变。

(3) 装配图中可单独画出某一零件的视图，但必须在所画视图的上方注出该零件的视图名称，在相应的视图附近用箭头指明投射方向，并注出同样的字母。

(4) 装配图中的紧固件和轴、连杆、球、钩子、键、销等实心件，若按纵向剖切，且剖切平面通过其对称平面或中线，这些零件均按不剖绘制。如需要特别表明零件上孔、槽等构造则用局部剖视表示。

(5) 当剖切平面通过的某些零件为标准产品或该部件已由其他图形表示清楚时，可按不剖绘制。

(6) 在装配图中，螺栓、螺钉连接等若干相同的零件或零件组，允许仅详细画出其中一处，其余只需表示其装配位置(用轴线或中心线表示)。

(7) 在装配图中，零件上的小圆角、倒角、退刀槽、中心孔等工艺结构可不画出。

(8) 在装配图中，某些运动件的极限位置或中间位置，或不属于本部件，但能表明部件的作用或安装情况的相邻零件，均可用双点画线画出其轮廓的外形图。

（9）装配图中弹簧、滚动轴承、螺纹紧固件的规定画法、简化画法请参阅有关的国家标准。

根据装配图的规定和简化画法，在绘制装配图的过程中，要注意图线的修改，一些在零件图中可见的图线在装配图中可能就不可见；对于重叠的图线要删除或合并为一个对象，使文件不是很大。

6.7.4 知识总结——装配图绘制步骤

在进行机器或部件设计时，一般要先画出装配图，然后根据装配图拆画零件图，在零件图中，除了要有必要的视图和适当的表达方法，还应正确、完整、清晰、合理地标注出全部尺寸及技术要求，然后再拼画成标准装配图。这里主要介绍已画出零件图，然后再绘制出装配图。

绘制装配图的一般步骤如下。

（1）用前面建立的模板新建装配体文件，选择合适大小图纸的模板，保存文件。

（2）打开这个装配体的零件图，根据装配图的表达方法，将零件图的尺寸标注图层关闭，将各个视图中的装配图所需要的各个图形做成块；或者打开一个零件图，选定需要的一个图形，用带基点复制方式，确定插入的基点。

（3）转换到装配图界面，插入块，在对话框中选择需要的块，单击【确定】按钮就可以插入；如果用带基点复制方式，可以用粘贴命令，将基点放在安装的位置再单击即可。

（4）插入块的图线与其他图线重合时，需要将插入的块分解，然后进行编辑；如果是带基点复制，则可以直接编辑。

（5）将要编辑的图线进行修改，还要对不同的剖面线的方向和间距进行修改。

（6）进入布局，标注尺寸，标注零件的序号，填写标题栏和明细栏等。

6.7.5 知识总结——多重引线

在装配图中要标注序号等内容时，需要多条引线附着到同一注解。在 AutoCAD 2008 中可以将多条引线附着到同一注解；可以均匀隔开并快速对齐多个注解。多重引线对象是一条线或样条曲线，其一端带有箭头，另一端带有多行文字对象或块。

> 提示：在多重引线对象中，注释性块不能用作内容或箭头。

如果多重引线的样式为注释性样式，则无论文字样式或公差是否设置为注释性，其关联的文字或公差都将为注释性。

与注释性引线一起使用的块必须为注释性块；与注释性多重引线一起使用的块可以为非注释性块。

在【特性】选项板中，还可以更改多重引线的注释性特性。多重引线的工具栏，如图 6.88 所示。

1. 建立多重引线样式

单击【多重引线】工具栏上的【多重引线样式】按钮，弹出【多重引线样式管理器】对话框，在此可以设置多重引线样式，如图 6.89 所示。

图 6.88　多重引线工具栏

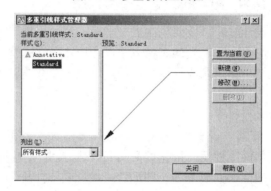

图 6.89　【多重引线样式管理器】对话框

在【多重引线样式管理器】对话框中，单击【新建】按钮，弹出【创建新多重引线样式】对话框，在【新样式名】文本框中输入样式名称，如"序号"；也可以选中【注释性】复选框。单击【继续】按钮，弹出【修改多重引线样式：序号】对话框，该对话框有三个选项卡，分别为【引线格式】、【引线结构】和【内容】。

可以根据自己的需要建立序号的多重引线，在【引线格式】选项卡中，箭头的符号设为【点】，大小设为3，其余设为默认；在【引线结构】选项卡中，最大点数选择2，设置基线距离为0或者不选择【自动包含基线】，选择【注释性】；在【内容】选项卡中，等多重引线类型设为【块】，源块选择软件中已有的【圆】，其他设为默认。

2. 绘制多重引线

多重引线命令和标注命令类似，首先要选择多线样式，单击【多重引线】工具栏上的【多重引线】按钮，执行多重引线命令。

标注如图 6.90 所示的平口钳装配图主视图部分序号。

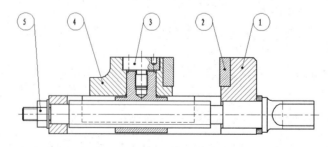

图 6.90　标注序号图形

操作步骤如下。

先绘制装配图后，再选择多重引线的序号样式，用标注图层执行多重引线命令，命令行显示如下。

```
命令: _mleader
指定引线箭头的位置或 [引线基线优先(L)/内容优先(C)/选项(O)] <选项>: 指定零件上的点;
指定下一点: 指定第二点;
指定引线基线的位置: 若无与图线平行, 直接按 Enter 键确定序号位置;
输入属性值
输入标记编号 <TAGNUMBER>: 输入序号数字。
```

绘制序号后图形将不一定在水平线上，如图 6.91 所示，要水平排列，需要执行多重引线对齐命令。

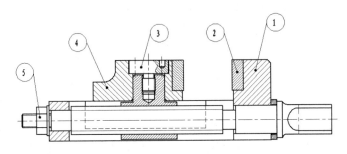

图 6.91　标注序号

3. 多重引线对齐

图 6.90 所作出的序号不平齐，AutoCAD 2008 软件中的多重引线设置了一个多重引线对齐命令，就是沿指定的线对齐选定的多重引线。单击【多重引线】工具栏上的【多重引线对齐】按钮，其操作步骤如下。

```
命令: mleaderalign
选择多重引线: 可以用各种选择对象的方式选择多重引线;
选择多重引线: 继续选择对象或按 Enter 键结束选择;
当前模式: 使用当前间距
选择要对齐到的多重引线或 [选项(O)]: 指定要对齐的多重引线的基准;
指定方向: 指定水平或垂直方向。
```

将图 3.90 的 5 个序号对齐，选择序号"2"为基准，指定方向如图 6.92 所示。

4. 多重引线合并

有些零件在标注序号的过程中，只有一个引线，标注为多个序号，因此要在水平或垂直方向并列在一起，AutoCAD 2008 软件中的多重引线设置了一个多重引线合并命令，就是将选定的包含块的多重引线作为内容合并为一组并附着到单引线。

单击【多重引线】工具栏上的【多重引线合并】按钮，即可执行此命令。其操作步骤如下。

```
命令: _mleadercollect
选择多重引线: 可以用各种选择对象的方式选择多重引线;
选择多重引线: 继续选择对象或按 Enter 键结束选择;
指定收集的多重引线位置或 [垂直(V)/水平(H)/缠绕(W)] <水平>: 指定要合并的多重引线的位置或者输入选项。
```

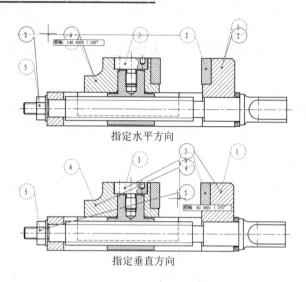

图 6.92 多重引线对齐

5. 添加引线

有些零件在标注序号的过程中，相同的零件只有一个序号，因此有时要在一个序号上可能有多个引线，AutoCAD 2008 软件中的多重引线设置了一个添加引线命令，就是将引线添加至选定的多重引线对象。

单击【多重引线】工具栏上的【添加引线】按钮 ，即可执行此命令。其操作步骤如下。

选择多重引线：可以用各种选择对象的方式选择多重引线；
指定下一点：将引线添加至选定的多重引线对象。根据光标的位置，新引线将添加到选定多重引线的左侧或右侧
指定引线箭头的位置：指定箭头的位置，如果在指定的多重引线样式中有两个以上的引线点，系统将提示读者指定另一点。

6.8 上 机 练 习

1. 利用建立的样板文件，执行各种 AutoCAD 命令绘制下面平口钳的各个零件图形(如图 6.93～图 6.100 所示习题图)，确定零件图的图纸界限，绘制为标准零件图样式。

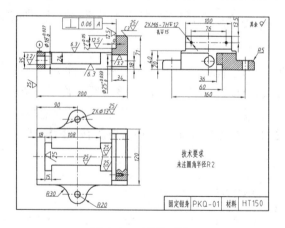

图 6.93 习题 1 图

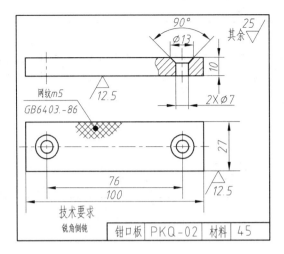

图 6.94　习题 2 图

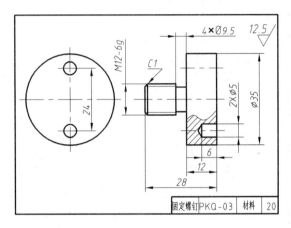

图 6.95　习题 3 图

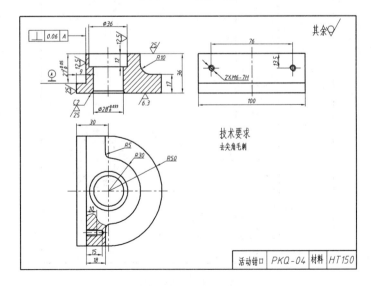

图 6.96　习题 4 图

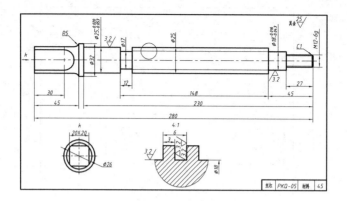

图 6.97 习题 5 图

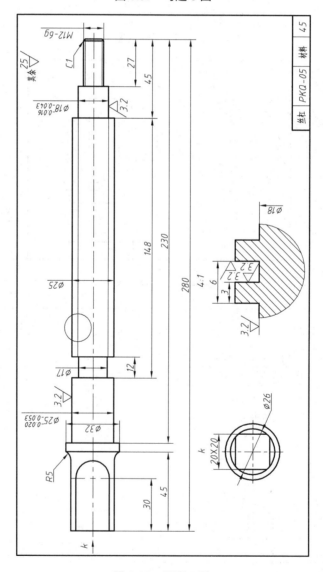

图 6.98 习题 6 图

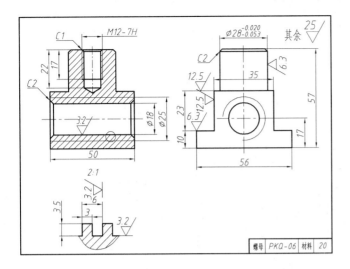

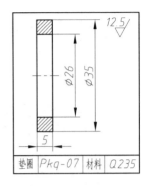

图 6.99　习题 7 图

图 6.100　习题 8 图

2. 利用建立的样板文件，绘制下面手压气阀的各个零件图形(如图 6.101～图 6.106 所示习题图)，确定零件图的图纸界限，绘制为标准零件图样式。

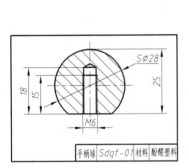

图 6.101　习题 9 图

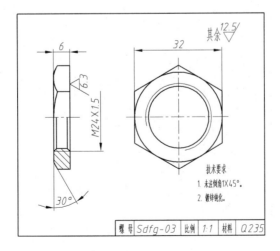

图 6.102　习题 10 图

图 6.103　习题 11 图

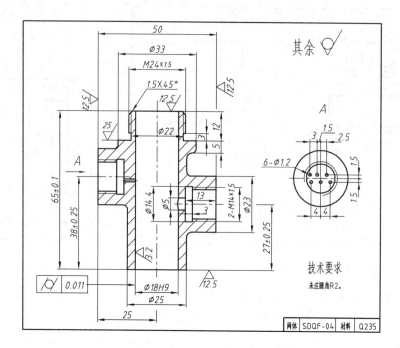

图 6.104　习题 12 图

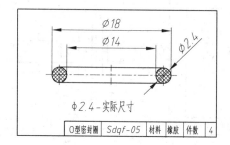

图 6.105　习题 13 图

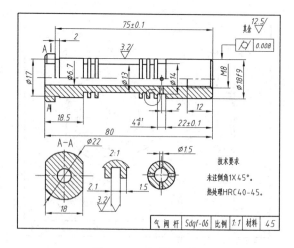

图 6.106　习题 14 图

3. 根据图 6.107 所示的手动气阀装配示意图，绘制手动气阀的装配图。

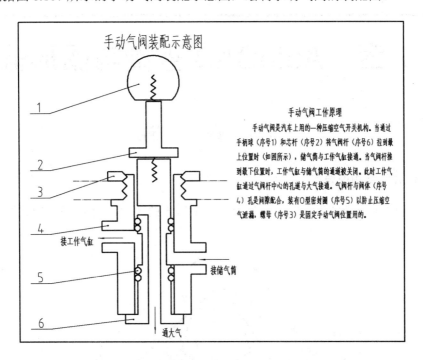

图 6.107 习题 15 图

第 7 章　AutoCAD 查询与图形输出

7.1　查　　询

7.1.1　案例介绍及知识要点

　　绘制如图 7.1 所示的平面图形，测量图中 a 和 b 的尺寸，确定正五边形的边长和阴影部分的面积。

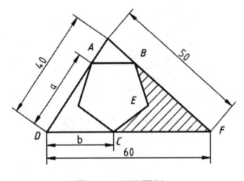

图 7.1　平面图形

　　知识点：

- 掌握边界的创建方式。
- 掌握查询命令。

7.1.2　操作步骤

　　1. 新建文件

　　新建文件"查询平面图形"。

　　2. 绘制基本图形

　　将粗实线图层置为当前层，执行直线命令，按照尺寸绘制三角形，其中长 60mm 的直线为水平线，在三角形内部绘制一个任意正五边形，五边形上面的线为水平线，如图 7.2 所示。

　　3. 执行偏移命令

　　执行偏移命令(方式为"通过点")，将长为 40mm 的直线段偏移到 A 点，长为 50mm 的直线段偏移到 B 点，长为 60mm 的直线段偏移到 C 点，如图 7.3(a)所示；执行倒角命令，按住 Shift 键，将偏移的直线各个交点倒角，得到如图 7.3(b)所示的图形。

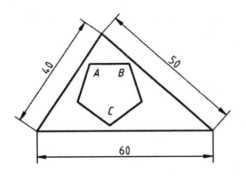

图 7.2 基本图形

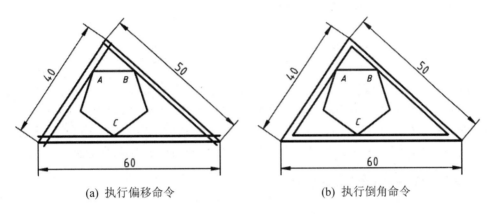

(a) 执行偏移命令　　　　　　　　　　(b) 执行倒角命令

图 7.3 执行偏移和倒角命令

4. 比例缩放

删除绘制的三角形，执行缩放命令，选择全部图线对象，在三角形内确定一点为基点，缩放的方式为"参照"，选择偏移的水平线段的两个端点，输入缩放后的长度为 60，按 Enter 键后，完成图形的绘制，如图 7.4 所示。

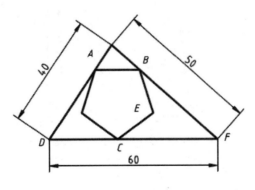

图 7.4 缩放后的图形

5. 查询操作

执行查询命令，单击【距离】按钮▭后，捕捉 A、D 两点，在文本窗口显示"距离 = 29.4510"，以及其他参数，确定 a 的数据；单击【距离】按钮▭后，捕捉 D、C 两点，在文本窗口显示"距离 = 29.4510"，以及其他参数，确定 b 的数据；单击【距离】按钮▭后，捕捉 A、B 两点，在文本窗口显示"距离 = 15.8236"，以及其他参数，确定五边形的边长；单击【区域】按钮后，依次捕捉 C、E、B、F 点，按 Enter 键后，文本窗口显示"面积 = 313.4152，周长 = 103.9829"，可以求出面积来。

7.1.3　知识总结——创建面域

面域是由闭合的形状或环所创建的二维区域。闭合多段线、直线和曲线都是有效的选择对象，其中曲线包括圆弧、圆、椭圆弧、椭圆和样条曲线。面域可用来填充和着色、使用分析特性(例如面积)、提取设计信息(例如质心)等。

选择【绘图】|【面域】命令。

执行面域命令后，命令行提示如下。

命令：_region
选择对象：将要创建面域的封闭区域内所有对象全部选定。
按 Enter 键后，有几个不是单独对象的封闭区域，命令行就提示已提取几个环、已创建几个面域。

面域可以将若干区域合并到单个复杂区域，选择集中的闭合二维多段线和分解的平面三维多段线将被转换为单独的面域，然后转换多段线、直线和曲线以形成闭合的平面环(面域的外部边界和孔)。如果有两条以上的曲线共用一个端点，得到的面域可能是不确定的。

面域的边界由端点相连的曲线组成，曲线上的每个端点仅连接两条边。

7.1.4　知识总结——创建边界命令

边界：用封闭区域边界创建面域或多段线。

选择【绘图】|【边界】命令，出现【边界创建】对话框，如图 7.5 所示。单击【拾取点】按钮，在绘图窗口单击一个封闭区域，根据选择的边界类型，可以创建一个边界的多段线或面域对象。

图 7.5　【边界创建】对话框

提示： 执行边界命令，将创建新对象，但不删除源对象；而执行面域命令，将删除源对象，使其转换成为一个新的对象。

创建面域则文本窗口显示如下：

命令：_boundary
拾取内部点：正在选择所有对象...
正在选择所有可见对象...
正在分析所选数据...

正在分析内部孤岛..
拾取内部点:
已提取 1 个环。
已创建 1 个面域。

创建多段线则文本窗口显示如下:

命令: _boundary
拾取内部点: 正在选择所有对象...
正在选择所有可见对象...
正在分析所选数据...
正在分析内部孤岛...
拾取内部点:
BOUNDARY 已创建 1 个多段线

7.1.5 知识总结——查询距离命令

选择【工具】|【查询】|【距离】命令,命令行出现如下提示。

命令: dist
指定第一点: 指定第一点位置;
指定第二点: 指定第二点位置,文本窗口将显示两点的距离信息,包括以下内容(以 XY 平面查询为例)。
距离 = 当前值,XY 平面中的倾角 = 当前值, 与 XY 平面的夹角 = 0
X 增量 = 当前值, Y 增量 = 当前值, Z 增量 = 0.0000

7.1.6 知识总结——查询点坐标命令

选择【工具】|【查询】|【点坐标】命令,命令行出现如下提示。

命令: id
指定点: 指定一点,命令行显示如下(以 XY 平面查询为例):
 X = 当前值   Y = 当前值   Z = 0.0000

7.1.7 知识总结——查询面积命令

选择【工具】|【查询】|【面积】命令,命令行出现如下提示。

命令: _area
指定第一个角点或 [对象(O)/加(A)/减(S)]: 指定一角点或者输入选项字母。

各选项功能说明如下。

- 指定第一个角点: 计算由指定点定义的面积和周长;用鼠标分别选定所要查询区域边界的几个角点,且最后一点和第一点形成所要查询的封闭区域,这种方式不能用于曲线所组成的区域。依次选择边界直线的各个端点,按 Enter 键后,则在文本窗口显示面积和周长的数据。如果这个多边形不闭合,AutoCAD 将假设从最后一点到第一点绘制了一条直线,然后计算所围区域的面积。计算周长时,该直线的长度也将被计算在内。

- 对象(O): 输入 O 后,需要选择对象(利用直线命令绘制的封闭图形,不能计算面积和周长,并且不可以被选择)。可以选择要计算周长和面积的所有对象,不包括二维实体(使用 solid 命令创建)。如果选择开放的多段线,将假设从最后一点到第一点绘制了一条直线,然后计算所围区域的面积。计算周长时,将忽略该直线的长度。

- 加(A)：打开"加"模式后，计算各个定义区域和对象的面积、周长，同时也计算所有定义区域和对象的总面积，可以连续选择对象相加。可以使用"减"选项从总面积中减去指定面积。
- 减(S)：和"加"模式操作相同，但是面积要相减。

7.1.8 知识总结——查询面域/质量特性命令

查询面域/质量特性命令用于计算面域或实体的质量特性。显示的特性取决于选定的对象是面域(及选定的面域是否与当前用户坐标系 UCS 的 XY 平面共面)还是实体。该命令可以计算面积、周长、边界框的 X 和 Y 坐标变化范围、质心坐标、惯性矩、惯性积、旋转半径、主力矩及质心的 X-Y 方向。

选择【工具】|【查询】|【面域/质量特性】命令，文本窗口显示如下信息。

```
命令: _massprop
选择对象: 选择对象(外边框的面域)，可以连续选择多个对象。
选择对象: 按 Enter 键结束选择，自动弹出文本窗口，显示如下。
   ---------------    面域    ----------------
面积:              1408.2793
周长:              166.5095
边界框:        X: 98.2250  ——  134.9907
               Y: 100.0000  ——  149.8120
质心:          X: 116.6078
               Y: 125.2050
惯性矩:        X: 22338668.1311
               Y: 19259124.0414
惯性积:       XY: 20560722.4541
旋转半径:      X: 125.9460
               Y: 116.9429
主力矩与质心的 X-Y 方向:
               I: 262056.6781 沿 [1.0000 0.0000]
               J: 110202.1729 沿 [0.0000 1.0000]
是否将分析结果写入文件? [是(Y)/否(N)] <否>: 输入 N 或 n，或按 Enter 键默认为否，如果输入 Y 或 y，
MASSPROP 将提示输入文件名。
```

7.1.9 知识总结——列表显示命令

列表显示命令是以列表的形式显示选定对象的数据库信息，文本窗口将显示对象类型、对象图层、相对于当前用户坐标系(UCS)的 X、Y、Z 位置、对象位于模型空间还是图纸空间以及报告与特定的对象相关的附加信息。

选择【工具】|【查询】|【列表显示】命令，命令行出现如下提示。

```
命令: _list
选择对象: 选择带圆的面域。
选择对象: 可以连续选择，按 Enter 键结束选择，自动弹出文本窗口，显示如下。
         REGION      图层: 粗实线
                     空间: 模型空间
         句柄 = f43c
                     面积: 1408.2793
                     周长: 166.5095
         边界框: 边界下限 X = 98.2250  , Y = 100.0000  , Z = 0.0000
                 边界上限 X = 134.9907 , Y = 149.8120  , Z = 0.0000
```

```
圆          图层：粗实线
            空间：模型空间
句柄 = f410
圆心点，  X= 116.6078  Y= 131.4291  Z=0.0000
半径     8.6277
周长     54.2093
面积     233.8506
```

7.1.10 知识总结——查询图形状态命令

查询图形状态命令用以报告当前图形中的对象数目，包括图形对象和非图形对象以及块定义，另外还包括空间的使用、图层、颜色、布局等所有基本信息。

选择【工具】|【查询】|【状态】命令，自动弹出文本窗口，显示如下。

```
命令：_status
263 个对象在 D:\\图样.dwg 中
模型空间图形界限：      X:    0.0000   Y:    0.0000  (关)
                       X:  210.0000   Y:  297.0000
模型空间使用：          X:    0.0000   Y:    0.0000
                       X:  210.0000   Y:  297.0000
显示范围：              X: -155.7203   Y:   -1.7259
                       X:  365.7203   Y:  310.9064
插入基点：              X:    0.0000   Y:    0.0000  Z: 0.0000
捕捉分辨率：            X:   10.0000   Y:   10.0000
栅格间距：              X:   10.0000   Y:   10.0000
当前空间：模型空间
当前布局：Model
当前图层：粗实线
当前颜色：BYLAYER -- 7 (白色)
当前线型：BYLAYER -- "Continuous"
当前线宽：BYLAYER
当前标高: 0.0000  厚度: 0.0000
填充 开  栅格 关  正交 关  快速文字 关  捕捉 关  数字化仪 关
对象捕捉模式：     圆心，端点，交点，延伸
可用图形磁盘(C:) 空间：1916.3 MB
可用临时磁盘(C:) 空间：1916.3 MB
可用物理内存：251.4 MB (物理内存总量 511.5 MB)
可用交换文件空间：983.5 MB (共 1249.0 MB)
```

7.1.11 知识总结——查询绘图时间命令

选择【工具】|【查询】|【时间】命令，自动弹出文本窗口，其中内容大致如下(在不同时间打开，内容均会更新，这里只是一个示意)。

```
命令：_time
当前时间：            2009-1-15  21:05:24: 888
此图形的各项时间统计：
创建时间：            2009-1-15  19:50:30: 115
上次更新时间：        2009-1-15  20:42:08: 431
累计编辑时间：        0 days 00: 09: 18: 803
消耗时间计时器（开）： 0 days 00: 09: 18: 783
下次自动保存时间：    0 days 00: 03: 38: 251
输入选项 [显示(D)/开(ON)/关(OFF)/重置(R)]：
```

7.2 模型空间输出

7.2.1 案例介绍及知识要点

在模型空间输出如图 7.6 所示的图形。

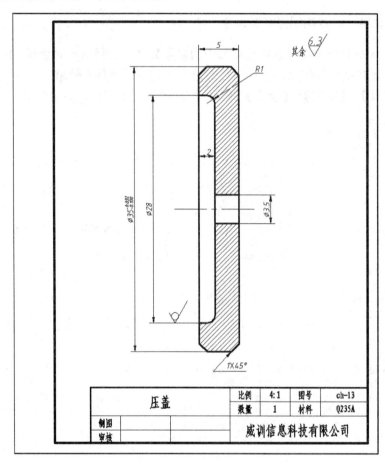

图 7.6 压盖

知识点:

- 注释性。
- 模型空间的图形输出打印。

7.2.2 操作步骤

(1) 新建文件

新建文件"压盖",将尺寸样式、文字样式、粗糙度图块、标题栏图块(注: 要带有图幅范围和边框图线)等都设置为具有注释性。

(2) 根据图形尺寸绘制图形,图案填充要求具有注释性。

(3) 标注尺寸并注写技术要求。

将右下角状态栏的注释性设置为 4∶1，如图 7.7 所示；在标注尺寸、技术要求时，系统会自动按照 4∶1 的比例显示文字高度、箭头大小粗糙度图块以及标题栏图块等；选择合适样式标注尺寸和技术要求，并将标题栏图块插入图中，如图 7.6 所示，此时图幅外框尺寸为 74.25。

(4) 打印图形。

① 单击【标准】工具栏上的【打印】按钮 ，弹出【打印-模型】对话框，如图 7.8 所示，在【打印机/绘图仪】选项组中的【名称】下拉列表框中选择 DWF6 ePlot.pc3 电子文档；在【图纸尺寸】选项组中的下拉列表框中确定图纸的大小为 ISO A4；在【打印样式表】选项组中选择 monochrome.ctb；在【图形方向】选项组中选中【纵向】单选按钮，在【打印范围】下拉列表框中选择"窗口"选项，自动转换到模型的窗口，指定要打印区域的两个角点，或输入坐标值后，自动返回【打印】对话框，可以单击【窗口】按钮重新选择打印范围；在【比例】下拉列表框中选择 4∶1，其他的选项保持默认设置。

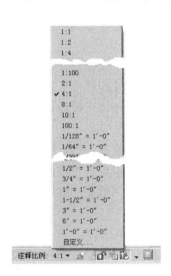

图 7.7　注释性

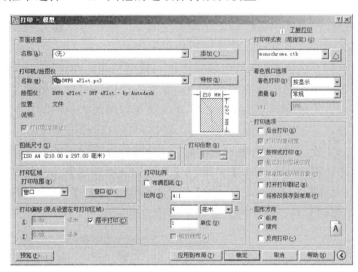

图 7.8　【打印-模型】对话框

② 单击【打印机/绘图仪】选项组中的【特性】按钮，弹出【绘图仪配置编辑器】对话框，如图 7.9 所示，在【设备和文档设置】选项卡中，单击【修改标准图纸尺寸(可打印区域)】选项，在【修改标准图纸尺寸】中选择图纸幅面为 ISO A4，在【打印机/绘图仪】选项组中的【名称】下拉列表框中选择 DWF6 ePlot.pc3 电子文档。

③ 单击【修改标准图纸尺寸】选项组中的【修改】按钮，弹出【自定义图纸尺寸-可打印区域】对话框，在这里设定可打印区域(大多数驱动程序根据与图纸边界的指定距离来计算可打印区域)，在此选取其上、下、左、右的边界均为 0，然后返回到【打印-模型】对话框。

④ 单击【确定】按钮，转到【浏览打印文件】对话框，如图 7.10 所示，保存文件。

图 7.9 【绘图仪配置编辑器】对话框　　　　图 7.10 【浏览打印文件】对话框

7.2.3 知识总结——模型空间

模型空间是一个可以创建二维图形和三维图形的绘图空间。大多数绘图和设计工作都是在模型空间中进行的。在模型空间中，用户可以建立 UCS，创建各种形式的表面模型、实体模型以及进行改变观察视点等操作。

打开 AutoCAD 就可以直接进入模型空间，在这里，一般按照 1∶1 比例设计、绘制图形，依据所需出图的图纸尺寸计算绘图比例，可以在屏幕左下角单击【注释性】按钮，将要放大的带注释性的标注、字体、块等都缩放为相同的比例，同时也要将边框或者图纸界限设置按相同的比例进行缩放，这样可以打印标准图纸。

要执行模型空间的打印预览，首先要进行页面的设置，确定打印设备，然后可以执行打印预览操作。选择【文件】|【页面设置管理器】命令，即弹出【页面设置管理器】对话框，如图 7.11 所示。单击【修改】按钮，弹出【页面设置-模型】对话框，其选项和【打印-模型】对话框一样，此处不再重复讲述了。

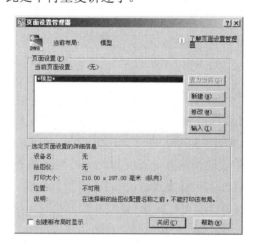

图 7.11 【页面设置管理器】对话框

在【页面设置-模型】对话框设置好打印机和图幅大小等后，单击【标准】工具栏上的【打印预览】按钮，即可预览要打印的图形效果。

7.2.4　知识总结——注释性

注释性是指可以自动完成缩放注释的过程，从而使注释能够以正确的大小在图纸上打印或显示。用户不必在各个图层、以不同尺寸创建多个注释，而可以按对象或样式打开注释性特性，并设置布局或模型视口的注释比例。注释比例控制注释性对象相对于图形中的模型几何图形的大小。

注释性对象按图纸高度进行定义，并以注释比例确定的大小显示。注释性对象(具有注释性特性的对象)包括：图案填充、文字(单行和多行)、标注、公差、引线和多重引线、图块和块属性。

用于创建这些对象的许多对话框都包含【注释性】复选框□ 注释性(I) ⅰ，选中此复选框，即可使对象成为注释性对象；可以打开原来建立的各种样式，找到【注释性】选项，选中注释性复选框。

在【特性】选项板中可以更改现有对象的注释性特性，如形位公差和引线，其注释性不能在对话框中设置，可以在标注后修改其特性，将现有对象更改为注释性对象，图 7.12 所示为形位公差和文字的注释性修改。

形位公差　　　　　　　　　　　　　　单行文字

图 7.12　修改注释性

将光标悬停在支持一个注释比例的注释性对象上时，光标将显示▲图标。如果该对象支持多个注释比例，则它将显示▲图标。

设置注释性，如选择 1∶2 的时候，就是将在尺寸标注的箭头和尺寸数字大小、技术要求的文字高度、粗糙度图块高度等都放大显示，系统内默认的大小都是各项设置大小的 2 倍，在输出图形的时候，所有的大小都减一半。如文字设置的高度为 3.5，如设置为 1∶2 注释性对象的时候，其高度为7，输出的 1∶2 图形字体的高度就变为 3.5 了，符合国家标准的要求。

7.2.5　知识总结——图形的输出

AutoCAD 是一款功能强大的绘图软件，所绘制的图形被广泛地应用在许多领域。用户可根据不同的用途以不同的方式输出图形。若只是输出简单的草图，只要在模型空间进行简单的设置后打印即可。如果用户需要输出标准图纸，则应该在图纸空间进行设置后打印。

　　选择【文件】|【输出】命令，系统将弹出【输出数据】对话框，如图7.13所示，用户可以在【文件类型】下拉列表框中选择各种格式，可以根据要求输出为各种格式的文件。

　　AutoCAD的ePlot图形输出功能可生成DWF格式的文件，这是一种"电子图形文件"，可以在Internet上发表。DWF以Web图形格式保存，用浏览器和Autodesk DWF Viewer这类外挂程序都可以打开、查看和打印，并且DWF格式的文件支持实时平移、缩放、图层、命名视图和嵌入超级链接的显示。但是DWF不能直接转化成可以利用的DWG，也没有图线修改的功能，这在某种程度上也保证了设计数据的安全。

　　DWF是压缩的矢量数据格式，打开与传输的速度比DWG格式快，查看DWF的Autodesk DWF Viewer软件界面简单易用，不懂AutoCAD的用户也能很容易地查看DWF图样。

图7.13　【输出数据】对话框

7.3　图纸空间输出

7.3.1　案例介绍及知识要点

　　在图纸空间输出如图7.6所示的图形。

知识点：

- 图纸空间、布局。
- 图纸空间的图形输出打印。

7.3.2　操作步骤

1. 新建文件

新建文件"压盖"。

2. 绘制图形

在模型空间根据图形尺寸绘制图形，不标注尺寸。

3. 设置布局、视口

(1) 单击布局 1，将光标放在布局 1 上，右击选择【页面设置管理器】，在【页面设置管理器】对话框中单击【修改】按钮，弹出【页面设置-布局 1】对话框，可参考前面的【打印-模型】对话框中的设置，设置为符合国标的 A4 图纸布局，注意比例选择为 1∶1，打印范围为：布局。

(2) 设置完毕后，删除原有的视口。新建一个视口图层，线型为连续线，设置为当前层，选择菜单【视图】|【视口】|【一个视口】命令，直接按 Enter 键，设置为充满；双击视口中间区域转换到浮动模型空间，输入 zoom 按 Enter 键，输入字母 s 按 Enter 键，输入 4xp 按 Enter 键，利用实时平移命令，将图形放到合适的位置。

4. 标注尺寸以及技术要求等

在视口外双击，转换到图纸空间，单击【绘图】工具栏上的【插入块】按钮，在出现的【插入】对话框中，找到带属性的标题栏块，插入到图纸的右下角，填写标题栏；同样插入粗糙度块；标注尺寸。注意此时所有的注释性均为 1∶1。

5. 打印图形

单击【标准】工具栏上的【打印】按钮，弹出【打印-布局 1】对话框，直接单击【确定】按钮即可。

7.3.3 知识总结——图纸空间

图纸空间可以看作是由一张图纸构成的平面，且该平面与绘图屏幕平行。图纸空间上的所有图形均为平面图。在图纸空间中，不能通过改变视点来从其他角度观看图形。图纸空间是用来将几何模型表达到工程图上用的，是专门用来图纸打印的，又称为布局。

利用图纸空间，可以把在模型空间中绘制的三维模型在同一张图纸上以多个视图的形式排列(包括主视图、俯视图、剖视图等)，以便在同一张图纸上输出。这些视图还可以采用不同的比例，而在模型空间中则无法实现此功能，因此图形的文字编辑、图形输出等工作最好在图纸空间进行。

图纸空间可以更好地解决出图比例的问题，在图纸空间，可以调整比例，自由出图。无论作图时的比例如何，在图纸空间都可以按需要的比例设置，设置好以后，打印时即可采用 1∶1 的比例，而不必调整出图的比例大小，使打印更加方便。

在 AutoCAD 中模型空间和图纸空间都可以按照自己的喜好作图，但是一般习惯使用模型空间来绘图。作图时最好采用 1∶1 的比例进行绘制，这对以后的修改和出图都会带来很大的方便。

创建布局一般选择【插入】|【布局】|【新建布局】|【来自样板的布局】|【创建布局向导】命令。

也可以右击绘图窗口下面的【模型】或【布局】按钮，在弹出的快捷菜单中进行选择，如图 7.14 所示。

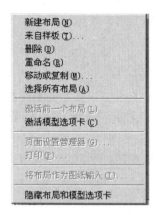

图 7.14　布局的快捷菜单

7.4　局部放大图绘制

7.4.1　案例介绍及知识要点

在图纸空间输出如图 7.15 所示的气阀杆零件图。

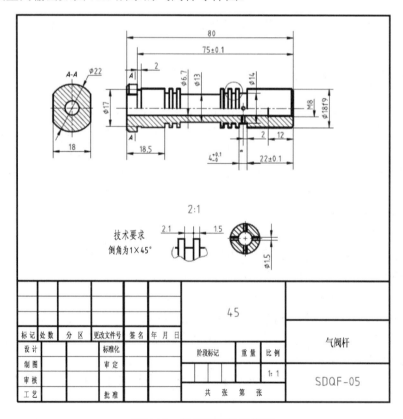

图 7.15　气阀杆零件工作图

知识点:

视口。

7.4.2 操作步骤

1. 新建文件

新建文件"气阀杆"。

2. 绘制图形(不标注尺寸)

(1) 在模型空间将中心线图层设置为当前层,执行直线命令,绘制中心线;然后转换当前层为粗实线图层,执行直线命令,绘制主视图下半部分轮廓线,注意图中圆环部分可以通过复制作出,如图 7.16 所示。

(2) 执行镜像命令,将下半部分的轮廓线镜像到上面;然后执行延伸命令,将镜像到上面的竖线延伸到中心线;最后将两边的竖线分别合并为一条直线,如图 7.17 所示。

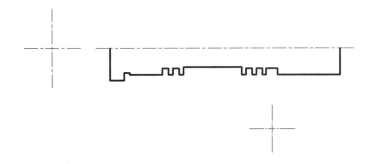

图 7.16 气阀杆工作图的基准线画法

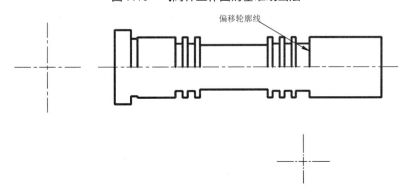

图 7.17 气阀杆工作图的镜像延伸后的图形

(3) 将粗实线图层设置为当前层,执行直线命令,绘制中心孔轮廓线,利用对象追踪和对象捕捉确定右边线和中心线的交点向下输入 3.35,找到起始点,向右移动光标找到极轴与右边线的交点,绘制中心孔的轮廓线;在右端绘制长度为 12mm 的螺纹线和螺纹终止线;执行偏移命令,将图 7.17 所示的轮廓线向左偏移 2mm,得到图线并转换成中心线图层,利用【特性】选项板将线型比例改为 0.2,用夹点编辑方式移动至合适位置,如图 7.18 所示。

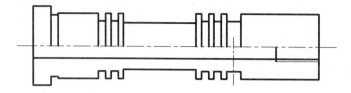

图 7.18   在气阀杆工作图中绘制中心孔和螺纹线

(4) 执行偏移命令,将上一步所作的中心线向左、右各偏移 0.75mm,得到的图线转换成粗实线图层,用夹点编辑方式或修剪命令得到中心孔的投影;在粗实线图层执行圆命令,绘制直径为 1.5mm 的圆;执行倒角命令,得到 5 个 1×45°的倒角;整理得到的图形,如图 7.19 所示。

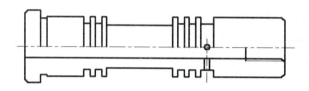

图 7.19   在气阀杆工作图中绘制小孔和倒角

(5) 在 A-A 视图上执行圆命令,绘制直径为 22mm 和 6.7mm 的两个粗实线圆;将竖直中心线向两边分别偏移 9mm,得到的直线变为粗实线,执行修剪命令,剪除多余部分;利用对象追踪和对象捕捉在主视图绘制圆柱的截交线,绘制倒角交线,如图 7.20 所示。

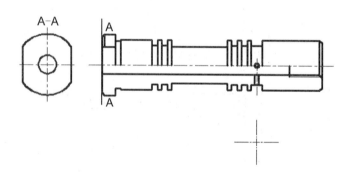

图 7.20   绘制气阀杆工作图的 A-A 视图及主视图中的倒角交线

(6) 作移出断面,在下面中心线处,绘制直径为 14mm 和 6.7mm 的两个粗实线圆,将圆的两条中心线分别向两边偏移 0.75mm,得到的图线转换成粗实线图层,执行修剪命令,得到移出断面图形,如图 7.21 所示。

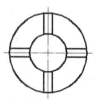

图 7.21   气阀杆工作图的移出断面

(7) 执行填充命令,绘制剖面线,所有的剖面线都一次填充,选择比例为 0.5;执行圆命令绘制局部放大部位的圆,如图 7.22 所示。

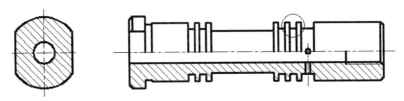

图 7.22　气阀杆工作图

3. 设置布局、视口

(1) 单击布局 1,将光标放在布局 1 上,右击选择"页面设置管理器",在【页面设置管理器】对话框中单击【修改】按钮,弹出【页面设置-布局 1】对话框,可参考前面的【打印-模型】对话框进行设置,设置为符合国标的 A4 图纸布局,注意比例选择为 1:1,打印范围为:布局。

(2) 设置完毕后,删除原有的视口。新建一个视口图层,线型为连续线,设置为当前层,选择菜单【视图】|【视口】|【一个视口】命令,或直接按 Enter 键,设置为充满;双击视口中间区域转换到浮动模型空间,输入 zoom 按 Enter 键,输入字母 S 按 Enter 键,输入 1xp 按 Enter 键,利用实时平移命令,将图形放到合适的位置。

4. 绘制局部放大图

(1) 转换到图纸空间,在要画出局部放大图部位,用视口图层绘制一个圆,如图 7.23 所示。

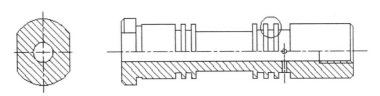

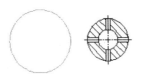

图 7.23　在布局绘制圆

(2) 选择菜单【视图】|【视口】|【对象】命令，选择刚才绘制的圆，就会在圆内显示全部图形，如图 7.24 所示。

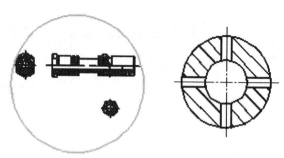

图 7.24 局部放大图视口

(3) 双击圆内区域，转换到浮动模型空间，绘制的圆变成粗实线，执行缩放命令，首先确定中心(C)，将中心点确定在上面局部放大图部位圆的圆心；然后继续执行缩放命令，输入字母 S 按 Enter 键，输入 2xp，按 Enter 键后，图形就会显示放大的部分(以刚才确定的中心点为中心)，然后执行实时平移命令，将局部放大图移到合适的位置；双击视口外区域退出浮动模型空间，用夹点编辑模式调整视口圆的大小和位置，如图 7.25 所示。

图 7.25 局部放大图

提示：也可以选择视口，将视口边框变为夹点方式，在状态栏中选择视图的比例。

(4) 转换到图纸空间，将视口的图层关闭，用样条曲线绘制局部放大图的波浪线，然后绘制图纸边框。

5. 注写技术要求和标题栏

在图纸空间标注尺寸，插入标题栏图块，填写属性，标注其他技术要求等内容，如图 7.9 所示。

6. 打印图形

单击【标准】工具栏上的【打印】按钮 ，弹出【打印-布局 1】对话框，直接单击【确定】按钮即可。

7.4.3 知识总结——布局样板图的建立

如果要打印几十份图纸，逐一进行打印设置的话，就会显得很繁琐。若定制好自己的打印布局模板就可以大大提高打印效率。

样板文件建立的步骤如下(以建立 A3 布局为例)。

(1) 用前面建立的样板图新建一个文件,然后添加几个图层:新建模型空间粗实线图层、模型空间细实线图层等。其作用是在模型空间绘制标题栏、标注或局部放大图等,如果在模型空间或在图纸空间按照 1∶1 比例打印图样,就采用这些图层;另外建立一个图层,用这个图层建立视口,在图纸空间打印标准图纸时,应关闭这些新建的图层,使其不在图纸空间中显示。

(2) 将视口图层设置为当前层,选择【布局 1】选项卡,弹出如图 7.11 所示的【页面设置管理器】对话框,单击【修改】按钮,在弹出的【页面设置-布局 1】对话框中进行页面设置,选择 DWF6#ePlot.pc3 打印机和 A3 图纸页面,单击打印机后面的【特性】按钮,在弹出的对话框中,选定打印区域和并得各个边距设为 0,然后继续单击【下一步】按钮,完成后单击【关闭】按钮。

(3) 首先将在图纸空间出现的默认的视口删除。选择【视图】|【视口】|【一个视口】命令,直接按 Enter 键,就可以新建一个视口(视口大小要合适,一般和纸张大小相同。视口外的图形是不会被打印出来的,同样,视口内的图形如果超出了纸张的可打印范围,也是不能被打印的)。然后在图纸空间用粗实线图层绘制一个矩形作为图纸的外边框,其中左下角的坐标为(25, 5),右上角的坐标为(415, 292)。

(4) 插入前面已建立的带属性的"标题栏"外部图块,放在矩形的右下角。可以不输入属性,对具体文件,可以用【增强属性编辑器】对话框来编辑,还可以建立并插入会签栏的图块。然后在【布局 1】选项卡上右击,在弹出的快捷菜单中选择【重命名】命令,将文件名改为 A3。

(5) 将【布局 2】页面设置为 A4,并以 A4 命名该布局。

(6) 分别新建布局,设置 A0、A1、A2 的图幅布局。然后选择【文件】|【另存为】命令,将文件保存为*.dwt 形式的样板图。

以后即可通过样板图建立新文件,把这些布局直接加进来,这样就可以在模型空间绘制图形,在布局里面标注尺寸、填写标题栏和技术要求后,即可打印标准图纸。

> 提示:样板图只能在打印设备相同时使用,如果更换了打印设备,则须打开相应的打印样板,修改相关设置并保存后再使用。

7.5 上 机 练 习

1. 绘制如图 7.26 所示图形,确定图中 A 圆的半径,圆 B 和圆 C 之间的圆心距离,以及正五边形的周长。

2. 绘制如图 7.27 所示图形,确定图中阴影部分的面积以及小圆的半径。

3. 绘制如图 7.28 所示图形,图中 AD=BC=2AC=2BD,确定 L 的长度和 AGBDFEC 形成面域的周长。

4. 绘制如图 7.29 所示图形,确定图中 a 和 b 的长度和阴影部分的面积。

5. 绘制如图 7.30 所示图形,确定图中 A 的长度、DE 之间的垂直距离、DF 之间的距离和最外围轮廓的面积。

6. 在建立的布局样板图里，将前面绘制的各零件图复制到布局样板图内，并且在布局内进行设置。

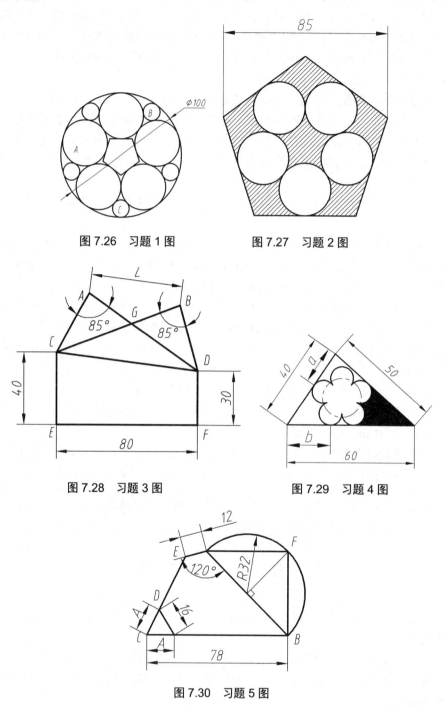

图 7.26　习题 1 图　　　　图 7.27　习题 2 图

图 7.28　习题 3 图　　　　图 7.29　习题 4 图

图 7.30　习题 5 图

第8章 考试指导

8.1 项目综述

全国信息化应用能力考试(The National Certification of Informatization Application Engineer-NCAC)是工业和信息化部人才交流中心主办的,以信息技术、工业设计在各行业、各岗位的广泛应用为基础,面向社会,检验全国应试人员信息技术应用知识与能力的全国性水平考试体系。

由于我国已逐步成为世界制造业和加工业的中心,对数字化技术应用型人才提出了很高的要求,人才交流中心适时推出的全国信息化应用能力考试——"工业设计"项目,坚持以现有企业需求为依托,同时充分利用国际上通用 CAD 软件的先进性,以迅速缩短教育与就业之间的供需差距,加速培养能与国内制造业普遍应用需求相适应的高质量工程技术人员。

8.1.1 岗位技能描述

《AutoCAD 机械设计》证书获得者掌握建筑设计的基本方法和步骤,能熟练使用 AutoCAD 进行施工图设计,绘制符合国家标准和企业要求的工程施工图,可以从事建筑设计部门及 CAD 制图领域的相关设计工作。

8.1.2 考试内容与考试要求

AutoCAD 机械设计考试共分为 7 个单元,考试时每个单元按一定比例随机抽题,考试内容包括基本概念、软件操作、实际建模。知识点覆盖广、可考性强、与实际零距离接轨,是很完善的考试方式。

AutoCAD 的考试内容和基本要求,如表 8.1~表 8.7 所示。

表 8.1 AutoCAD 基础知识考试要求

考试要求 考试内容	AutoCAD 基础知识			
	了 解	理 解	掌 握	熟 练
启动 AutoCAD		●		
图形显示控制		●		
利用绝对坐标画线			●	
利用相对坐标画线			●	
利用相对极对坐标画线			●	
直接距离输入画线				●

考试要求 考试内容	AutoCAD 基础知识			
	了　解	理　解	掌　握	熟　练
极轴追踪模式画线				●
利用对象捕捉精确画线				●
利用对象捕捉追踪模式画线				●

表 8.2　AutoCAD 基本绘图

考试要求 考试内容	AutoCAD 基本绘图			
	了　解	理　解	掌　握	熟　练
绘制圆和椭圆				●
绘制矩形和正多边形				●
运用平行关系				●
运用垂直关系				●
运用相切关系				●

表 8.3　AutoCAD 编辑图形

考试要求 考试内容	AutoCAD 编辑图形			
	了　解	理　解	掌　握	熟　练
矩形阵列		●		
圆形阵列				●
绘制对称几何特征				●
倒角和圆角				●
移动对象				●
复制对象				●
旋转对象				●
拉伸对象		●		
比例缩放对象		●		
打断对象		●		

表 8.4　AutoCAD 基本绘图设置

考试要求 考试内容	AutoCAD 基本绘图设置			
	了　解	理　解	掌　握	熟　练
设置单位和图幅				●
设置图层				●
设置文字样式				●
设置尺寸样式				●

续表

考试要求 考试内容	AutoCAD 基本绘图设置			
	了　解	理　解	掌　握	熟　练
尺寸标注				●
定义块和块属性			●	
建立样本			●	

表 8.5　AutoCAD 绘制机械图形基础

考试要求 考试内容	AutoCAD 绘制机械图形基础			
	了　解	理　解	掌　握	熟　练
绘制叠加式组合体三视图				●
绘制切割式组合体三视图				●
绘制截交线				●
绘制相贯线				●
绘制正等轴测图				●

表 8.6　AutoCAD 绘制常用机械图形

考试要求 考试内容	AutoCAD 绘制常用机械图形			
	了　解	理　解	掌　握	熟　练
绘制轴套类零件				●
绘制盘类零件				●
绘制齿轮类零件				●
绘制叉类零件				●
绘制箱体类零件				●
绘制标准件				●
绘制装配图				●

表 8.7　AutoCAD 查询与图形输出

考试要求 考试内容	AutoCAD 查询与图形输出			
	了　解	理　解	掌　握	熟　练
查询				●
模型空间输出				●
图纸空间输出				●
局部放大图绘制				●

8.1.3 考试方式

- 考试是基于网络的统一上机考试，考试时间为 120 分钟。
- 考试系统采用模块化结构，应试题目从题库中随机抽取。
- 考试不受时间限制，可随时报考，标准化考试，减少人为因素。
- 考试满分为 100 分，总成绩 60 分为合格，总成绩达到 90 分以上为优秀。

8.1.4 理论题各部分分值分布

理论题为选择题，各部分分值分布如表 8.8 所示。

表 8.8 理论题分值分布

考试内容	题目数量	每题分数
AutoCAD 基础知识	2	2
AutoCAD 基本绘图	2	2
AutoCAD 编辑图形	2	2
AutoCAD 基本绘图设置	2	2
AutoCAD 查询与图形输出	2	2
总题数	10	20

8.1.5 上机题

题目数量：4

题型：AutoCAD 基本绘图，机械图形基础，综合题

比例：AutoCAD 基本绘图 1 题，20 分，机械图形基础 1 题 20 分，综合题 1 题 40 分

总分数：80

8.2 理论考试指导

8.2.1 AutoCAD 基础知识

(一)单选题

1. AutoCAD 的图形文件和样板文件的后缀名分别是( )。D
   (A) BMP,BAK   (B) BAK,BMP
   (C) DWT,DWG   (D) DWG,DWT

2. 取消正在执行的命令可以按( )键。B
   (A) Enter   (B) Esc
   (C) 空格   (D) F1

3. 默认的世界坐标系的简称是( )。D
   (A) CCS   (B) UCS
   (C) UCS1   (D) WCS

4. 使用( )命令可快速显示整个图形界限以及所有图形。D

   (A) 【视图】|【缩放】|【窗口】　　　　(B) 【视图】|【缩放】|【动态】

   (C) 【视图】|【缩放】|【范围】　　　　(D) 【视图】|【缩放】|【全部】

5. 在 AutoCAD 中，使用( )可以在打开的文件窗口之间切换。C

   (A) Ctrl+ F9 组合键或 Ctrl +Shift 组合键

   (B) Ctrl+ F8 组合键或 Ctrl +Tab 组合键

   (C) Ctrl+ F6 组合键或 Ctrl +Tab 组合键

   (D) Ctrl+ F7 组合键或 Ctrl +Lock 组合键

6. 在命令行中输入"zoom"，执行【缩放】命令。在命令行"指定窗口角点，输入比例因子 (nX 或 nXP)："提示下，输入( )， 该图形相对于当前视图缩小一半。B

   (A) -0.5nxp　　　　　　　　(B) 0.5x

   (C) 2nxp　　　　　　　　　 (D) 2x

7. 在执行【缩放】(zoom)命令的过程中，将( )改变了。D

   (A) 图形的界限范围大小　　　(B) 图形的绝对坐标

   (C) 图形在视图中的位置　　　(D) 图形在视图中显示的大小

8. 按( )功能键可以进入文本窗口。B

   (A) F1　　　　(B) F2　　　　(C) F3　　　　(D) F4

9. 按( )功能键可以进入帮助窗口。A

   (A) F1　　　　(B) F2　　　　(C) F3　　　　(D) F4

10. AutoCAD 软件图形文件的备份文件格式是( )。A

    (A) *.BAK　　　(B) *.DWG　　　(C) *.DWT　　　(D) *.SHX

11. 鸟瞰视图的作用是( )。D

    (A) 观察每个命名的视图

    (B) 从一个独立的窗口中显示整个图形，是实时缩放和平移的工具

    (C) 在动 VIEWRS 关闭时，动态缩放

    (D) 用于观察图形的不同位置，相当于平移

12. 在缩放(zoom)命令的选项中，( )将所有图形显示到撑满绘图区域。C

    (A) zoom/窗口(W)　　　　　　(B) pan

    (C) zoom/范围(E)　　　　　　(D) zoom/全部(A)

13. 在 AutoCAD 中，下列坐标中使用相对极坐标的是( )。C

    (A) (@32,16)　　(B) (32,16)　　(C) (@32<16)　　(D) (32<16)

14. 用相对直角坐标绘图时以( )点为参照点。A

    (A) 上一指定点或位置　　　　(B) 坐标原点

    (C) 屏幕左下角点　　　　　　(D) 任意一点

15. 在关闭动态输入后，以下输入方式中( )属于绝对坐标输入方式。B

    (A) @100，0　　(B) 100，0　　(C) @100<0　　(D) 100

16. 在关闭动态输入的状态后，如果从起点(10,10)绘制与 X 轴正方向成 45°夹角，长度为 100 的直线段应输入( )。C

    (A) 100，45　　(B) @100，45　　(C) @100<45　　(D) 110，110

17. 用直线(line)命令绘制一条直线后，连续按 Enter 键两次将会出现的情况是(   )。C
    (A) 结束直线命令
    (B) 以绘制直线的起点为起点绘制直线
    (C) 以绘制直线的终点为起点绘制直线
    (D) 以原点为起点绘制直线
18. 精确绘图具有(   )的特点。C
    (A) 精确的颜色   (B) 精确的线宽
    (C) 精确的几何数量关系   (D) 精确的文字大小
19. 在 AutoCAD 绘图辅助工具中部分模式的具体设置需要在(   )对话框中定义。B
    (A) 图层管理器   (B) 草图设置   (C) 选项   (D) 标注样式管理器
20. 在 AutoCAD 中打开或关闭栅格的功能键为(   )。B
    (A) F3   (B) F7   (C) F9   (D) F12
21. 在 AutoCAD 中打开或关闭正交的功能键为(   )。B
    (A) F2   (B) F8   (C) F9   (D) F11
22. 在 AutoCAD 中打开或关闭极轴追踪的功能键为(   )。C
    (A) F2   (B) F8   (C) F10   (D) F12
23. 在 AutoCAD 中打开或关闭对象捕捉的功能键为(   )。A
    (A) F3   (B) F8   (C) F9   (D) F11
24. 在 AutoCAD 中打开或关闭对象追踪的功能键为(   )。D
    (A) F2   (B) F8   (C) F9   (D) F11
25. 在 AutoCAD 中打开或关闭动态输入的功能键为(   )。D
    (A) F2   (B) F8   (C) F10   (D) F12
26. 在绘制图形时，要在 18°、30°、36°、54°、72°和 90°方向绘制图线，则需要将"极轴"追踪的增量角和附加角分别设为(   )。A
    (A) 18°、30°   (B) 30°、18°   (C) 18°、36°   (D) 30°、36°
27. 在 AutoCAD 中打开动态输入，在确定一点的状态下，指定原点的输入为(   )。D
    (A)(0,0)   (B)(@0,0)   (C)(*0,0)   (D)(#0,0)
28. AutoCAD 采用对象捕捉方式能够精确定位点，下面关于对象捕捉的说法，(   )是错误的。B
    (A) 对象捕捉是为了使用户更高效率地使用各种命令
    (B) 对象捕捉不是命令，而是一种状态，可以在 command 命令下直接输入
    (C) 对象捕捉方式可以自行设定，一旦设定后每次选择都会自动激活
    (D) 对象捕捉的设置和开关可以在命令的中间进行操作

(二)多选题

1. 重新执行上一个命令的最快方法是(   )。AB
    (A) 按 Enter 键   (B) 按空格键
    (C) 按 Esc 键   (D) 按 F1 键
2. 在命令行状态下，可以调用帮助功能的操作是(   )。ACD

(A) 输入 help 命令   (B) 快捷键 Ctrl+H

(C) 功能键 F1   (D) 输入?

3. 可以利用以下的( )方法来调用命令。ABC

(A) 在命令提示区输入命令   (B) 单击工具栏上的按扭

(C) 选择菜单中的菜单项   (D) 在图形窗口单击

4. 保存文件的格式包括以下( )几种。ABCD

(A) 图形样板(*.dwt)   (B) DXF(*.dxf)

(C) 图形(*.dwg)   (D) 图形标准(*.dws)

5. 在 AutoCAD 中，系统提供的几种坐标系统为( )。ABC

(A) 笛卡儿坐标系   (B) 世界坐标系

(C) 用户坐标系   (D) 球坐标系

6. 坐标输入方式主要有( )。ABC

(A) 绝对坐标   (B) 相对坐标

(C) 极坐标   (D) 球坐标

7. 创建新文件时，在【选择样板】对话框中文件的类型包括( )。ACD

(A) 图形样板(*.dwt)   (B) 备份(*.bak)

(C) 图形(*.dwg)   (D) 标准(*.dws)

8. 将"极轴"追踪的增量角设为30°，附加角设为18°，使用极轴追踪时，下面的( )将出现极轴对齐线。AB

(A) 18°   (B) 30°   (C) 36°   (D) 48°

9. 使用圆心(CEN)捕捉类型可以捕捉到以下( )几种图形的圆心位置。ABCD

(A) 圆   (B) 圆弧   (C) 椭圆   (D) 椭圆弧

10. 下面关于栅格的说法，正确的是( )。AC

(A) 打开"栅格"模式，可以直观地显示图形的绘制范围和绘图边界

(B) 当捕捉设定的间距与栅格所设定的间距不同时，也按栅格进行捕捉，也就是说，当两者不匹配时，捕捉点也是栅格点

(C) 当捕捉设置的间距与栅格相同时，就可对屏幕上的栅格点进行捕捉

(D) 当栅格过密时，屏幕上将不会显示出栅格，对图形进行局部放大观察时也看不到

8.2.2 AutoCAD 基本绘图

(一)单选题

1. 在绘制直线、样条曲线或多线段时，应用下面的( )选项可以使绘制的图形闭合。A

(A) close   (B) connect   (C) complete   (D) done

2. 以下说法是错误的为( )。D

(A) 使用【绘图】|【正多边形】命令将得到一条多段线

(B) 可以用【绘图】|【圆环】命令绘制填充的实心圆

(C) 打断一条构造线将得到两条射线

(D) 不能用【绘图】|【椭圆】命令画圆

3. 应用相切、相切、相切方式画圆时(　　)。B
 (A) 相切的对象必须是直线　　　　(B) 不需要指定圆的半径和圆心。
 (C) 从工具栏激活画圆命令。　　　(D) 不需要指定圆心但要输入圆的半径。

4. (　　)命令用于绘制指定内外直径的圆环或填充圆。D
 (A) 椭圆　　　　(B) 圆　　　　(C) 圆弧　　　　(D) 圆环

5. 绘制连续曲线时，可以用来绘制直线段与弧线转换的命令是(　　)。C
 (A) 样条曲线　　(B) 多线　　　(C) 多段线　　　(D) 构造线

6. 在机械制图中，可以使用【绘图】|【圆】命令中的(　　)子命令绘制连接弧。B
 (A) 三点　　　　　　　　　　　(B) 相切、相切、半径
 (C) 相切、相切、相切　　　　　(D) 圆心、半径

7. 在绘制二维图形时，要绘制有直线段和圆弧的连续曲线，可以选择(　　)命令。B
 (A) 【绘图】|【三维多段线】　　(B) 【绘图】|【多段线】
 (C) 【绘图】|【多线】　　　　　(D) 【绘图】|【样条曲线】

8. 运用【正多边形】命令绘制的正多边形可以看作是一条封闭的(　　)。A
 (A) 多段线　　　(B) 构造线　　(C) 样条曲线　　(D) 直线

9. 下面的(　　)命令可以绘制连续的直线段，且每一部分都是单独的线对象。B
 (A) polyline　　(B) line　　　(C) rectangle　　(D) polygon

10. 在AutoCAD中，polygon命令最多可以绘制(　　)条边的正多边形。D
 (A) 128　　　　(B) 256　　　(C) 512　　　　(D) 1024

11. 下面的(　　)对象不可以使用pline命令来绘制。D
 (A) 直线　　　　(B) 圆弧　　　(C) 具有宽度的直线　　(D) 椭圆弧

12. 绘制圆弧后，接着选择直线命令再按Enter键，将会出现的情况是(　　)。C
 (A) 以圆弧端点为起点绘制直线，且过圆心
 (B) 以圆弧端点为起点绘制直线
 (C) 以圆弧端点为起点绘制直线，且与圆弧相切
 (D) 以圆心为起点绘制直线

13. 下列关于使用多线段(pline)绘制圆弧说法错误的是(　　)。D
 (A) 绘制多段线的弧线段时，圆弧的起点就是前一条线段的端点
 (B) 通过指定一个中间点和一个端点也可以完成圆弧的绘制
 (C) 可以指定圆弧的角度、圆心、方向和半径
 (D) 一旦进入圆弧绘制后只能绘制圆弧，再也无法绘制其他图线

14. 绘制一直线的平行线可用多种方法，下列(　　)方法不适合绘制平行线。D
 (A) 偏移　　　　　　　　　　(B) 复制
 (C) 用直线命令画线，使用平行捕捉　　(D) 移动

15. 执行矩形命令，绘制一四个角为R3圆角的矩形，首先要执行下列(　　)操作。B
 (A) 确定第一角点
 (B) 选择【圆角(F)】选项，设定圆角半径为3
 (C) 选择【倒角(C)】选项，设定为3

(D) 绘制 R3 圆角

16. 执行 point 点命令不可以完成下列(   )操作。C

(A) 绘制单点或多点   (B) 定数等分直线、圆弧或曲线

(C) 等分角   (D) 定距等分直线、圆弧或曲线

(二)多选题

1. 使用下面的(   )命令可以绘制矩形。ABCD

(A) line   (B) pline   (C) rectang   (D) polygon

2. 选择【格式】|【多线样式】命令，在【新建(或修改)多线样式】对话框中，可以执行下面(   )操作。ABCD

(A) 改变多线的线的数量和偏移   (B) 改变多线的颜色

(C) 改变多线的线型   (D) 改变多线的封口方式

3. 在 AutoCAD 中，使用矩形命令可以绘制多种图形，下面说法正确的是(   )。ABCD

(A) 倒角矩形   (B) 有宽度的矩形

(C) 有厚度的矩形   (D) 圆角矩形

4. 执行矩形命令，绘制 100×80 的矩形，下列操作正确的是(   )。ACD

(A) 确定第一角点后，用相对坐标@100，80 给定另一角点

(B) 打开 DYN，确定第一角点后，直接输入坐标 100，80 给定另一角点

(C) 确定第一角点后，选择【尺寸(D)】选项，给定长 100，宽 80 后确定位置

(D) 在点(50,50)处给定第一角点后，用坐标(150,130)给定另一角点

8.2.3 AutoCAD 编辑图形

(一)单选题

1. 按比例改变图形实际大小的命令是(   )。C

(A) offset   (B) zoom   (C) scale   (D) stretch

2. 关于移动(move)和平移(pan)命令下列说法正确的是(   )。D

(A) 都是移动命令，效果一样

(B) 移动(move)速度快，平移(pan)速度慢

(C) 移动(move)的对象是视图，平移(pan)的对象是实体

(D) 移动(move)的对象是实体，平移(pan)的对象是视图

3. 改变图形实际位置的命令是(   )。B

(A) zoom   (B) move   (C) pan   (D) offset

4. 当用 mirror(镜像)命令对文本属性进行镜像操作时，要想让文本具有可读性，应将变量 mirrtext 的值设置为(   )。A

(A) 0   (B) 1   (C) 2   (D) 3

5. (   )命令可以将两个对象用给定半径的圆弧进行连接。A

(A) fillet   (B) pedit   (C) chamfer   (D) array

6. 执行命令后，需要选择对象，在下列对象选择方式中，(   )方式可以快速全选

绘图区中所有的对象。C

    (A) esc   (B) box   (C) all   (D) zoom

7. (   )命令用于把单个或多个对象从它们的当前位置移至新位置，且不改变对象的尺寸和方位。C

    (A) array   (B) copy   (C) move   (D) rotate

8. (   )命令可以将直线、圆、多线段等对象作连续多次同心复制，且如果对象是闭合的图形，则执行该命令后的对象将被放大或缩小。A

    (A) offset   (B) scale   (C) zoom   (D) copy

9. 如果想把直线、弧和多线段的端点延长到指定的边界，则应该使用(   )命令。A

    (A) extend   (B) pedit   (C) fillet   (D) array

10. (   )命令用于绘制多条相互平行的线，每一条的颜色和线型可以相同，也可以不同，此命令常用来绘制建筑工程上的墙线。B

    (A) 多段线   (B) 多线   (C) 样条曲线   (D) 直线

11. (   )对象可以执行【拉长】命令。A

    (A) 圆弧   (B) 矩形   (C) 圆   (D) 正多边形

12. 下列命令中将选定对象的特性应用到其他对象的是(   )。D

    (A) "夹点"编辑   (B) 复制   (C) 特性   (D) 特性匹配

13. (   )命令可以对两个对象用圆弧进行连接。A

    (A) fillet   (B) pedit   (C) chamfer   (D) array

14. 在对圆弧执行【拉伸】命令时，(   )在拉伸过程中不改变。A

    (A) 弦高   (B) 圆弧   (C) 圆心位置   (D) 终止角度

15. 在 AutoCAD 中，使用交叉窗口选择(crossing)对象时，所产生选择集是(   )。C

    (A) 窗口的内部的实体

    (B) 与窗口相交的实体(不包括窗口的内部的实体)

    (C) 同时与窗口四边相交的实体加上窗口内部的实体

    (D) 所有实体

16. 下列对象中，当执行【偏移】命令后，大小和形状保持不变的是(   )。D

    (A) 椭圆   (B) 圆   (C) 圆弧   (D) 直线

17. (   )对象可以执行【拉伸】命令。B

    (A) 多段线宽度 (B) 矩形   (C) 圆   (D) 椭圆

18. 用 offset 命令选择对象时一次可以选(   )对象。B

    (A) 框选数   (B) 一个   (C) 两个   (D) 任意多个

19. explode(分解)命令对(   )图形实体无效。C

    (A) 多段线   (B) 正多边形   (C) 圆   (D) 尺寸标注

20. 一组半径均匀增大的同心圆，可由一个已画好的圆用(   )命令来实现。D

    (A) 拉伸 stretch   (B) 移动 move

    (C) 延伸 extend   (D) 偏移 offset

21. 关于比例缩放(Scale)和视图缩放(Zoom)命令，(   )说法是正确的。A

    (A) 比例缩放更改图形对象的大小，视图缩放只更改显示大小，不改变真实大小

(B) 视图缩放可以更改图形对象的大小

(C) 线宽会随比例缩放而更改

(D) 两者本质上没有区别

22. 倒角的当前角距离为8、6，在选择对象时按住 Shift 键，结果将出现(　　)情况。D

(A) 倒出 8、6 角　　　　　　　　　　(B) 倒出 6、8 角

(C) 倒出 8、8 角　　　　　　　　　　(D) 倒出 0、0 角

23. 用多段线命令(pline)所绘制的有宽度的线段，在执行分解(explode)命令后，线型宽度将变为(　　)。D

(A) 不变　　　　　　　　　　　　　　(B) "格式/线宽"中设置的线宽

(C) 细实线　　　　　　　　　　　　　(D) 多段线中设置的线宽消失

24. 执行环形阵列的时候，其默认的旋转方向是(　　)。B

(A) 顺时针　　　　(B) 逆时针　　　　(C) 取决于阵列方向　　(D) 无所谓方向

25. 执行圆角命令，将半径设为0，对两条不相交的直线进行圆角处理，将出现(　　)的情况。C

(A) 无法圆角，不作任何处理

(B) 系统提示必须给定不为 0 的半径

(C) 两条不相交的直线变成有公共点的相交直线

(D) 系统提示错误退出

26. 执行多段线编辑(pedit)命令时，不能和多段线"合并(J)"的是(　　)对象。C

(A) 直线　　　　　(B) 圆弧　　　　　(C) 椭圆弧　　　　　　(D) 多段线

27. 执行多段线编辑(pedit)命令时，对于"合并(J)"对象之间的关系，下列说法正确的是(　　)。C

(A) 必须端点重合　　　　　　　　　　(B) 端点可以不重合

(C) 端点重合一定可以合并　　　　　　(D) 合并后图形对象属性没有任何变化

28. 执行拉伸命令，常用的选择对象的构造方式是(　　)。C

(A) 窗口(window)方式　　　　　　　　(B) 快速选择(qselect)方式

(C) 窗交(crossing)方式和圈交(CP)　　 (D) 逐个选择

29. 执行【偏移】命令，不可以执行的操作是(　　)。B

(A) 复制直线　　　(B) 旋转图线　　　(C) 创建等距线　　　　(D) 画平行线

30. 执行旋转命令，利用其"复制(C)"选项可以执行的操作是(　　)。B

(A) 只是将对象旋转到指定的位置

(B) 将复制对象旋转到指定的位置并保留原对象

(C) 只是将对象复制

(D) 将对象旋转并复制多个对象

31. 在不同图层上的两个非多段线对象，执行倒角命令，其距离 D 都不为 0，对于生成的倒角边位于(　　)图层上。B

(A) 0 层　　　　　　　　　　　　　　(B) 当前层

(C) 在第一个对象所在的图层　　　　　(D) 在第二个对象所在的图层

32. 单击圆弧一个夹点(端点)并拖动，圆弧的(　　)将不改变。D

(A) 圆心　　　　　(B) 半径　　　　　(C) 中间点　　　　(D) 另一端点

33. 选择图形对象后，按鼠标右键拖动，将不可以执行(　　)操作。C

(A) 复制对象　　　(B) 移动对象　　　(C) 删除对象　　　(D) 粘贴为块

34. 一条直线有三个夹点，拖动中间夹点可以执行(　　)操作。B

(A) 更改直线长度　　　　　　　　(B) 移动直线、旋转直线、镜像直线等

(C) 更改直线的颜色　　　　　　　(D) 更改直线的斜率

35. 圆角的当前圆角半径为10，在选择对象时按住Shift键，结果是(　　)情况。D

(A) 倒出R10圆角　　　　　　　　(B) 倒出R10圆角，但没有修剪原来的多余

(C) 无法选择对象　　　　　　　　(D) 倒出R0圆角

36. 在AutoCAD 2008中，对填充的图案进行修剪操作，下面说法正确的是(　　)。C

(A) 不可以，图案是一个整体　　　(B) 可以，需要将其分解后

(C) 可以，直接修剪　　　　　　　(D) 不可以，图案是不可以编辑的

37. 在执行修剪命令时，首先要定义修剪边界，在没有选择任何对象，而是直接按Enter键时，则出现下面(　　)状况。C

(A) 无法进行下面的操作　　　　　(B) 系统继续要求选择修剪边界

(C) 所有显示的对象作为潜在的剪切边　(D) 修剪命令马上结束

38. 执行修剪命令，将图8.1(a)所示图形编辑成图8.1(b)所示图形时，一直无法完成，问题很可能是(　　)状况。C

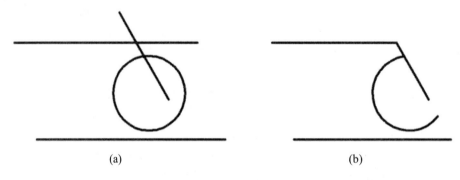

(a)　　　　　　　　　　　　　　　　　　(b)

图8.1　选择题图1

(A) 定义的边界太短

(B) 定义的边界不合适

(C) 修剪时"边(E)"选项的状态是"不延伸(N)"

(D) 选择的修剪对象不合适

39. 若要执行一次修剪命令，将图8.2(a)所示图形编辑成图8.2(b)所示图形，下面说法正确的是(　　)。C

(A) 不可以，必须再利用其他编辑命令将中间的线延长

(B) 可以，选择左侧和最上侧的两条直线作为边界，修剪，再按住Shift选择中间直线和圆弧延长

(C) 可以，选择所有图形对象作为边界，修剪，再按住Shift选择中间直线和圆弧延长

(D) 不可以，必须再利用延伸命令来延伸中间直线和圆弧

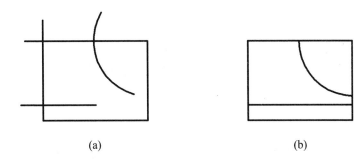

(a)　　　　　　　　　　　　　　　　　(b)

图 8.2　选择题图 2

(二)多选题

1. 夹点编辑模式可分为(　　)。ABCD
   (A) 拉伸模式　　(B) 移动模式　　(C) 旋转模式　　(D) 镜像模式
2. 阵列命令有(　　)复制形式。AB
   (A) 矩形阵列　　(B) 环形阵列　　(C) 三角阵列　　(D) 样条阵列
3. 样条曲线能使用(　　)命令进行编辑操作。BCD
   (A) 分解　　(B) 删除　　(C) 修剪　　(D) 移动
4. 执行【特性匹配】命令可将(　　)所有目标对象的颜色修改成源对象的颜色。BCD
   (A) 图块对象　　(B) 多段线对象　　(C) 圆对象　　(D) 直线对象

8.2.4　AutoCAD 基本绘图设置

(一)单选题

1. (　　)的名称不能被修改或删除。C
   (A) 未命名的层　　　　　　　　(B) 标准层
   (C) 0 层　　　　　　　　　　　(D) 缺省的层
2. 在设置图层颜色时，可以使用(　　)种标准颜色。D
   (A) 240　　(B) 255　　(C) 6　　(D) 9
3. 系统默认角度的正方向是以(　　)方向来定义的。A
   (A) 逆时针　　(B) 顺时针　　(C) 用户自定义　　(D) 以上都可以
4. 图层的颜色已经确定，则用该图层绘制的图线可以为(　　)种颜色。D
   (A) 该图层颜色　　(B) 2 种颜色　　(C) 3 种颜色　　(D) 多种颜色
5. 锁定一个图层后，该图层的对象将表现为(　　)。B
   (A) 图层对象可见，也可以编辑　　(B) 图层对象可见，但无法编辑
   (C) 图层对象不可见，但可以编辑　　(D) 图层对象不可见，也无法编辑
6. 在选用公制(metric)时候，设置图形界限的命令和默认的绘图范围为(　　)。B
   (A) limits、12×9　　　　　　　(B) limits、420×297
   (C) limits、297×210　　　　　(D) zoom、420×297

7. 在需要图线可见但不能编辑的情况下，可以将此图线单独放置在一个图层，然后将此图层执行(　　)操作。C

(A) 关闭　　　　(B) 冻结　　　　(C) 锁定　　　　(D) 不打印

8. 关于当前图层说法，下面(　　)说法是准确的。A

(A) 当前正在使用的图层，用户创建的对象将被放置到当前图层中

(B) 0层

(C) 可以删除

(D) 不可以锁定

9. 在定义块属性时，要使属性为定值，可选择(　　)模式。B

(A) 不可见　　　(B) 固定　　　　(C) 验证　　　　(D) 预置

10. 用下面(　　)命令可以创建图块，且只能在当前图形文件中调用，而不能在其他图形中调用。A

(A) block　　　(B) wblock　　　(C) explode　　　(D) mblock

11. 在创建块时，在块定义对话框中必须确定的要素为(　　)。A

(A) 块名、基点、对象　　　　　(B) 块名、基点、属性

(C) 基点、对象、属性　　　　　(D) 块名、基点、对象、属性

12. 带属性的块经分解后，属性显示为(　　)。B

(A) 属性值　　　(B) 标记　　　　(C) 提示　　　　(D) 不显示

13. 定义图块属性时，(　　)说法是错误的。C

(A) 属性标记可以包含任何字符，包括中文字符

(B) 定义属性时，用户必须确定属性标记，不允许空缺

(C) 属性标记区分大小写字母

(D) 输入属性值的时候，允许"提示"文本框中给出属性提示，以便用户输入属性值

14. 关于块定义，下列说法(　　)是错误的。B

(A) 若更改块定义的源文件时，包含此块的图形的块定义不会自动更新

(B) 若在块编辑器中编辑图块，不会更新当前图形中的块定义

(C) 块定义的源文件可以是图形文件

(D) 块定义的源文件可以是符号库图形文件中的嵌套块

15. 关于外部参照的说法，下面(　　)的说法是错误的。C

(A) 对外部参照，能进行整体的移动复制与删除

(B) 一个文件，可以同时被多个文件参照

(C) 外部参照是一定可以分解的

(D) 在打开文件时，外部参照会自动更新

16. 利用 wblock 命令创建图块时，默认的文件名是(　　)。C

(A) 无名　　　　　　　　　　　(B) 上次块定义的文件名

(C) 新块.dwg　　　　　　　　　(D) 块.dwg

17. 关于属性定义中的插入点与块的插入点概念的说法(　　)是准确的。C

(A) 一般为同一点

(B) 块的插入点为属性值的起点

(C) 属性定义的插入点为属性文本的插入点

(D) 块的插入点一定为线段的端点

18. 下面关于块的说法(   )是准确的。B

(A) 块是简单实体，不可以分解

(B) 使用块，可以节约时间，且能节约存储空间

(C) 块只能在当前文档使用

(D) 块的属性在块定义好后才定义

19. 定义的块插入到其他图形文件中时，图块的颜色、线型等特性随插入的图层有时变化有时不变化，应(   )来定义随插入的图层而变化的图块。C

(A) 把定义块源对象的颜色、线型等属性设置为 ByLayer(随层)

(B) 把定义块源对象的颜色、线型等属性设置为 ByBlock(随块)

(C) 把定义块源对象的颜色、线型等属性设置为 ByLayer(随层)且都放在 0 层上

(D) 把定义块源对象的图层都设置为 0 层

20. 使用"增强属性编辑器"，不能修改(   )项目。A

(A) 属性值的可见性　　　　　　　(B) 单一块参照的属性值

(C) 属性的旋转角度　　　　　　　(D) 属性图层

21. 把块插入到图形中，一个块可以插入(   )次。D

(A) 1　　　　　　(B) 2　　　　　　(C) 8　　　　　　(D) 无数

22. 如图 8.3 所示，将块(粗糙度符号)放置到曲线中，定义块的插入点为符号的顶点，下列(   )操作是正确的。A

图 8.3　选择题图 3

(A) 用定距等分(measure)中的【块(B)】选项，并选择对齐

(B) 用定数等分(divide)中的【块(B)】选项，并选择对齐

(C) 用定距等分(measure)中的【块(B)】选项，并选择不对齐

(D) 用定数等分(divide)中的【块(B)】选项，并选择不对齐

23. 对标注样式进行设置时，需要在"标注样式管理器"对话框中可进行，其打开对话框需要执行(   )命令。B

(A) dimradius　　(B) dimstyle　　(C) dimdiameter　　(D) dimlinear

24. 用于标注在同一方向上连续的线性尺寸或角度尺寸的命令是(   )。B

(A) dimbaseline　　(B) dimcontinue　　(C) qleader　　(D) qdim

25. 用于标注平行于所选对象或平行于两尺寸界线源点连线的直线型尺寸用(   )命令。A

    (A) 对齐标注　　　(B) 快速标注　　　(C) 连续标注　　　(D) 线性标注

26. 如果在一个线性标注数值前面添加直径符号，则在设置标注样式中，应加前缀符号(   )。A

    (A) %%C　　　　　(B) %%O　　　　　(C) %%D　　　　　(D) %%%

27. 用于测量并标注被测对象之间的夹角命令是(   )。A

    (A) dimangular　　(B) angular　　　　(C) qdim　　　　　(D) dimradius

28. 执行快速标注的命令是(   )。B

    (A) qdimline　　　(B) qdim　　　　　(C) qleader　　　　(D) dim

29. 标注半径尺寸时，其标注文字的默认前缀是(   )。B

    (A) D　　　　　　(B) R　　　　　　(C) Rad　　　　　(D) Radius

30. 如果要标注倾斜直线的长度，应该选用下面(   )命令来标注。A

    (A) 对齐标注　　　(B) 快速标注　　　(C) 连续标注　　　(D) 线性标注

31. 使用【快速标注】命令标注圆或圆弧时，不能自动标注(   )选项。C

    (A) 半径　　　　　(B) 基线　　　　　(C) 圆心　　　　　(D) 直径

32. ddedit 是对尺寸标注中的(   )进行编辑。B

    (A) 尺寸标注格式　　　　　　　　　(B) 尺寸文本

    (C) 尺寸箭头　　　　　　　　　　　(D) 尺寸文本在尺寸线上的位置

33. 连续标注是(   )。C

    (A) 自同一基线处测量　　　　　　　(B) 线性对齐

    (C) 首尾相连　　　　　　　　　　　(D) 增量方式创建

34. 如果要修改标注样式中的设置，则图形中的(   )将自动使用更新后的样式。D

    (A) 当前选择的尺寸标注　　　　　　(B) 当前图层上的所有标注

    (C) 除了当前选择以外的所有标注　　(D) 使用修改样式的所有标注

35. 若标注尺寸的公差是 32±0.018，则在【标注样式】对话框的"公差"选项卡中，将公差的方式设置为(   )。B

    (A) 极限偏差　　　(B) 对称　　　　　(C) 极限尺寸　　　(D) 基本尺寸

36. 在【标注样式】对话框的"公差"选项卡中，将公差的方式设置为极限偏差，且公差上偏差框格中输入 0.007，公差下偏差框格中输入 0.018，则标注尺寸公差的结果是(   )。C

    (A) $^{0.007}_{0.018}$　　　(B) $^{+0.007}_{+0.018}$　　　(C) $^{+0.007}_{-0.018}$　　　(D) $^{-0.007}_{-0.018}$

37. 要在 60mm 长的直线上标注带公差"$\phi60h6$"直径尺寸，则需执行(   )。D

    (A) 用直径标注，手工输入尺寸文本内容"60h6"

    (B) 使用【标注】>【公差】命令

    (C) 将尺寸分解后再添加公差

    (D) 用线性标注，然后手工输入尺寸文本内容"%%C<>h6"

38. 将尺寸文本"$\phi12$"改为"$6\times\phi12$"，下面(   )操作可以完成。C

    (A) 双击尺寸文本"$\phi12$"，在显示的矩形窗口中把"$\phi12$"改为"$6\times\phi12$"

(B) 用文本命令输入文字"6×ϕ12",覆盖文本"ϕ12"

(C) 使用 ddedit 命令,激活文字格式窗口,在原来的文字前面加上"6×"

(D) 选中该尺寸,在特性窗口直接将测量单位数据改为"6×ϕ12"

39. 在文字输入过程中,若输入"1 / 4",在 AutoCAD 中运用(　)命令过程中可以把此分数形式改为竖直分数形式$\frac{1}{4}$。C

(A) 单行文字　　(B) 对正文字　　(C) 多行文字　　(D) 文字样式

40. 执行多行文字标注命令是(　)。B

(A) text　　(B) mtext　　(C) qtext　　(D) wtext

41. 在执行文字命令时,若要插入角度符号"°",则应用键盘输入(　)。B

(A) %%C　　(B) %%D　　(C) %%P　　(D) %%R

42. 下面(　)命令可以用于为图形标注多行文本、表格文本和下划线文本等特殊文字。A

(A) mtext　　(B) text　　(C) dtext　　(D) ddedit

43. 执行单行文字命令时,在键盘输入(　)符号,则创建字符串"AutoCAD"。B

(A) %%OAuto%%OCAD　　　　(B) %%UAuto%%UCAD

(C) %%OAutoCAD%%O　　　　(D) %%UAutoCAD%%U

44. 在进行文字标注时,若要插入直径符号"ϕ",则应用键盘输入(　)。A

(A) %%C　　(B) %%D　　(C) %%P　　(D) %%R

45. 在进行文字标注时,若要插入对称公差符号"±",则应用键盘输入(　)。C

(A) %%C　　(B) %%D　　(C) %%P　　(D) %%R

46. 下面字体在 AutoCAD 中属于中文大字体样式的是(　)。C

(A) gbenor.shx　　(B) gbeitc.shx　　(C) gbcbig.shx　　(D) txt.shx

47. 使用"无样板打开-公制(M)"创建的文件,在"文字样式"中将"高度"设为 0,然后用该样式输入文字,系统将会(　)。A

(A) 使用的默认字体,高度为 2.5,可以重新给定新的字高

(B) 使用的默认字体,高度为 0,可以重新给定新的字高

(C) 使用的默认字体,高度为 2.5,不可以重新给定新的字高

(D) 使用的默认字体,高度为 0,无法书写文字

48. 创建文字样式的时候,在【文字样式】对话框中,不能执行的操作为(　)。D

(A) 建立样式的名称

(B) 确定字体的样式和高度

(C) 确定字体的效果,如反向、颠倒、倾斜等

(D) 可以直接输入需要的文字

49. 在图案填充时出现如图 8.4(a)所示的效果,现在更改图形边界,将右边的圆向左移动,出现了如图 8.4(b)所示的填充效果,而没有出现如图 8.4(c)所示的效果的原因是(　)。D

(A) 没有删除图案填充,然后重新定义边界再填充

(B) 边界定义不合适

(C) 在图 8.4(a)填充时未选中【创建独立的图案填充】复选框

(D) 在图 8.4(a)填充时未选中【关联】复选框

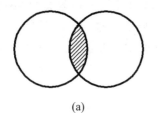 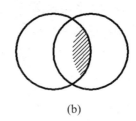 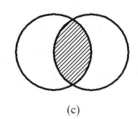

(a)　　　　　　　　　　　　(b)　　　　　　　　　　　　(c)

图 8.4　选择题图 4

50. 使用图案 ANSI31 进行填充时，设置"角度"为 15º，填充的剖面线是(　　)。A

(A) 60°　　　　　　　(B) 45°　　　　　　　(C) 30°　　　　　　　(D) 15°

51. 在图案填充操作中，下面说法正确的是(　　)。C

(A) 只能单击填充区域中任意一点来确定填充区域

(B) 所有的填充样式都可以调整比例和角度

(C) 图案填充可以和原来轮廓线关联或者不关联

(D) 图案填充只能一次生成，不可以编辑修改

(二)多选题

1. 在操作中不能够删除的图层是(　　)。ABCD

(A) 0 图层　　　　　(B) 当前图层　　　　　(C) 含有实体的层　　　　　(D) 外部引用依赖层

2. 在设置绘图单位时，系统提供的长度单位的类型除了小数外，还有(　　)。ABCD

(A) 分数　　　　　(B) 建筑　　　　　(C) 工程　　　　　(D) 科学

3. 当图层被锁定时，仍然可以把该图层(　　)。ABCD

(A) 可以创建新的图形对象

(B) 设置为当前层

(C) 该图层上的图形对象仍可以作为辅助绘图时的捕捉对象

(D) 可以作为【修剪】和【延伸】命令的目标对象

4. 设置图形界限命令为 limits，在操作过程中可以执行下列(　　)操作。ABC

(A) 设置图纸幅面的大小

(B) 设置图纸的位置

(C) 设置是否可以在图形界限范围外绘制

(D) 设置图样的边框和标题栏

5. 编辑块属性的途径有(　　)几种。ABC

(A) 单击属性定义进行属性编辑　　　　　(B) 双击包含属性的块进行属性编辑

(C) 应用块属性管理器编辑属性　　　　　(D) 只可以用命令进行编辑属性

6. 关于块属性的说法(　　)是准确的。CD

(A) 块必须定义属性　　　　　(B) 一个块中最多只能定义一个属性

(C) 多个块可以共用一个属性　　　　　(D) 一个块中可以定义多个属性

7. 使用块的优点有以下几种(　　)。ABCD

(A) 建立图形库　　　　　(B) 方便修改

(C) 节约存储空间 　　　　　　　　(D) 节约绘图时间

8. AutoCAD 中的图块可以是下面(　　)类型。AB

(A) 内部块　　(B) 外部块　　(C) 模型空间块　　(D) 图纸空间块

9. 下列命令中可以编辑尺寸标注的命令有(　　)。ABD

(A) 倾斜尺寸标注 　　　　　　　　(B) 对齐文本

(C) 自动编辑 　　　　　　　　　　(D) 标注更新

10. 绘制一个线性尺寸标注，必须(　　)。ABC

(A) 确定尺寸线的位置 　　　　　　(B) 确定第二条尺寸界线的原点

(C) 确定第一条尺寸界限的原点 　　(D) 确定箭头的方向

11. AutoCAD 中包括的尺寸标注类型有(　　)。ABCD

(A) 角度标注　　(B) 直径标注　　(C) 线性标注　　(D) 半径标注

12. 打开【标注样式管理器】有以下(　　)方法。ABC

(A) 选择【格式】|【标注样式】命令

(B) 在命令行中输入 ddim 命令后按下 Enter 键

(C) 单击【标注】工具栏上的【标注样式】按钮

(D) 在命令行中输入 style 命令后按下 Enter 键

13. 在【标注样式】对话框的【符号和箭头】选项卡中的【圆心标记类型】选项组中，可供用户选择的选项包含(　　)选项。ABD

(A) 标记　　(B) 无　　(C) 圆弧　　(D) 直线

14. dimlinear(线性标注)命令允许绘制(　　)方向的尺寸标注。AC

(A) 垂直　　(B) 对齐　　(C) 水平　　(D) 圆弧

15. 快速引线标注后尾随的注释对象可以为(　　)。ABD

(A) 多行文字　　(B) 公差　　(C) 单行文字　　(D) 复制对象

16. 不是用于在图形中以前一标注尺寸的第一尺寸线为基准标注图形尺寸的命令是(　　)。BCD

(A) dimbaseline　　(B) dimcontinue　　(C) qleader　　(D) qdim

17. 创建文字样式可以利用以下(　　)方法。AB

(A) 在命令输入窗中输入 style 后按下 Enter 键，在打开的对话框中创建

(B) 选择【格式】|【文字样式】命令后，在打开的对话框中创建

(C) 直接在文字输入时创建

(D) 可以随时创建

18. 在【文字样式】对话框中，对于文字样式可以执行的操作为(　　)。ABCD

(A) 新建文字样式 　　　　　　　　(B) 重命名已建立的样式

(C) 删除已建立而没有使用的样式 　(D) 修改已建立的样式

19. 执行单行文字命令，可以设置文字效果的内容为(　　)。BCD

(A) 建立文字样式 　　　　　　　　(B) 确定字体的旋转角度

(C) 确定文字的对正方式 　　　　　(D) 确定文字的位置

20. 对于单行文字的内容进行编辑修改，可以编辑的方式有(　　)。ABCD

(A) 可以双击要编辑的单行文字打开编辑

(B) 在命令行输入 ddedit 命令，选择要编辑的单行文字进行编辑

(C) 选择要编辑的单行文字，单击右键在快捷菜单中选择【编辑】命令进行编辑

(D) 【特性】选项卡中文字内容的框格中修改

21. 执行多行文字命令后，在【文字格式】对话框中，可以设置文字效果的内容有
(   )。ABCD

    (A) 选择文字的样式和字体   (B) 确定文字的对齐方式

    (C) 确定文字的高度和倾斜角度   (D) 确定文字的颜色

22. 对于多行文字的内容进行编辑修改，可以编辑的方式有(   )。ABC

    (A) 可以双击要编辑的多行文字在打开文字编辑器中进行编辑

    (B) 在命令行输入 ddedit 或 mtedit 命令，选择要编辑的多行文字，在打开的文字编辑器中进行编辑

    (C) 选择要编辑的多行文字，单击右键在快捷菜单中选择【编辑多行文字】命令，在打开的文字编辑器中进行编辑

    (D) 可以在要编辑修改的多行文字的【特性】选项卡中文字内容的框格中修改

23. 图案填充有下面(   )图案的类型供用户选择。ABC

    (A) 预定义   (B) 用户定义   (C) 自定义   (D) 历史记录

8.2.5　AutoCAD 查询与图形输出

(一)单选题

1. (   )命令可以方便地查询指定两点之间的直线距离以及该直线与 X 轴方向的夹角。B

    (A) 点坐标   (B) 距离   (C) 面积   (D) 面域

2. AutoCAD 提供的(   )命令可以用来查询所选实体的类型、所属图层空间等特性参数。B

    (A) 【距离】(dist)   (B) 【列表】(list)

    (C) 【时间】(time)   (D) 【状态】(status)

3. (   )是由封闭图形所形成的二维实心区域，它不但含有边的信息，还含有边界内的信息。C

    (A) 块   (B) 多段线   (C) 面域   (D) 图案填充

4. 要获得图案填充区域的信息，下面的方法不能实现的是(   )。D

    (A) 用"特性"查询

    (B) 通过菜单【工具】|【查询】|【面域】|【质量特性】命令

    (C) 通过菜单【工具】|【查询】|【列表显示】命令

    (D) 通过菜单【工具】|【查询】|【面积】命令

5. 执行边界命令后，图案将重新生成边界，生成的边界是(   )。C

    (A) 样条曲线   (B) 直线   (C) 面域或多段线   (D) 圆弧

6. 执行 status(状态)命令后，将出现文本窗口，在窗口中会显示(   )信息。A

    (A) 图形中所有对象的数量   (B) 图形文件的大小

    (C) 图形信息   (D) 以上都是

7. 在 AutoCAD 中, ID 命令的作用是( )。D
   (A) 检查一个元素的数据库号
   (B) 测量一个元素的所有信息
   (C) 测量一个元素的图层、线型、颜色信息
   (D) 测量一个点的坐标

8. 关于模型空间的说法, ( )是正确的。D
   (A) 和图纸空间设置一样
   (B) 和布局设置一样
   (C) 是为了建立模型而设定的, 不能打印
   (D) 主要为设计建模用, 但也可以打印

9. 关于布局空间(Layout)的设置的说法, 正确的为( )。B
   (A) 必须设置为一个模型空间, 一个布局
   (B) 一个模型空间, 多个布局
   (C) 一个布局, 多个模型空间
   (D) 一个文件中可以有多个模型空间和多个布局

10. 在保护图纸安全的前提下, 和别人进行设计交流的途径为( )。D
    (A) 直接口头交流, 不允许看图形文件
    (B) 将标注的图层关闭, 只显示图形
    (C) 用缩小的不很清楚的图形交流
    (D) 利用电子打印进行.dwf 文件的交流

11. 下面哪个选项不属于打印时图纸方向设置的内容( )。D
    (A) 纵向   (B) 反向   (C) 横向   (D) 逆向

12. 在一个视图中, 一次最多可创建( )个视口。C
    (A) 2   (B) 3   (C) 4   (D) 5

13. 一个布局中最多可以创建( )视口。D
    (A) 1 个   (B) 2 个   (C) 4 个   (D) 4 个以上

14. 在打印区域选择( )打印方式将当前空间的所有几何图形打印。B
    (A) 布局或界限   (B) 范围   (C) 显示   (D) 窗口

15. 下面的( )对象不能定义视口的边界。C
    (A) 圆   (B) 面域   (C) 开放的多段线   (D) 封闭的样条曲线

16. 如果在模型空间打印图样, 其打印比例若为 10:1, 且在图纸上得到的字高为 3.5mm, 则应在图形中设置的字高为( )。A
    (A) 35mm   (B) 0.35mm   (C) 70mm   (D) 3.5mm

17. 在布局视口中进入模型空间, 要确定打印比例为 "1:10", 输入 zoom 命令后, 选择( )选项。C
    (A) 0.1   (B) 0.1X   (C) 0.1XP   (D) 以上都可以

18. 关于视口和视口比例, 下列( )说法是错误的。A
    (A) 缩放布局视口的边界会改变视口中视图的比例
    (B) 拉伸布局视口的边界不会改变视口中视图的比例

(C) 可以使用多边形来创建视口

(D) 可以使用圆或椭圆创建视口

19. 锁定一布局视口比例，在视口内部双击进入模型空间，下列(   )说法是正确的。B

 (A) 在执行 zoom 命令时，可以改变视口内图形的比例

 (B) 在执行 zoom 命令时，改变整个图纸空间窗口的显示大小

 (C) 旋转中间滚轮时，可以放大或缩小图形在视口的比例

 (D) 执行 PAN 时，可以移动图形在视口的显示位置

(二)多选题

1. 可以利用 AutoCAD 提供的(   )命令，来查询所选实体的面积和周长几何参数。ABC

 (A) 面积(area) (B) 列表(list)

 (C) 面域/质量特性】(massprop) (D) 状态(status)

2. 建立面域可以使用的命令是(   )。AC

 (A) 面域(region) (B) 矩形(rectangle)

 (C) 边界(boundary) (D) 正多边形(polygon)

3. 将打印机名称选择为：DWF6 ePlot.pc3，执行电子打印，下面说法准确的为(   )。ACD

 (A) 无需真实的打印机 (B) 无需打印驱动程序

 (C) 无需纸张等传统打印介质 (D) 具有很好的保密性

4. 以下方法可以新建一个布局的是(   )。ABC

 (A) 使用样板创建布局 (B) 使用向导创建布局

 (C) 使用 layout 命令创建布局 (D) 使用 mview 命令创建布局

5. 以下关于布局的说法，(   )是准确的。ABC

 (A) 一个布局就是一张图纸，并提供预置的打印选项设置

 (B) 在布局中可以创建和定位视口，并生成图框、标题栏等

 (C) 布局中的每个视口都可以有不同的显示缩放比例或冻结指定的图层

 (D) 在 AutoCAD 中打开一个 DWG 图形后，可以把图形中的所有布局全部删除

6. 在 AutoCAD 系统中，plot 命令可以执行以下(   )的操作。ABCD

 (A) 调整输出图形的比例 (B) 将图形输出到文件

 (C) 指定输出范围 (D) 指定输出图形的图纸尺寸

7. 在 AutoCAD 系统中将视口的比例锁定，则修改当前视口中的几何图形时将不会影响视口比例。锁定视口比例的方法为(   )。ABCD

 (A) 选择视口后单击右键，在快捷菜单中选择【显示锁定】

 (B) 选择视口后在【特性】选项板中将【显示锁定】选项设置为【是】

 (C) 选择要锁定的视口，执行 mview 命令，按照提示选择锁定(L)选项，

 (D) 以上方法都可以

8.3 上机考试指导

为顺利通过能力测试不仅要求考生完成的能力，而且要求考生要具有一定的效率和技巧，这些能力完全靠考生在平常的工作和练习中积累，因此，多做多练是唯一有效的途径。

后面练习的题目已经涵盖了考试题目中出现的要求，因此，按照要求完成如下练习，将能顺利通过上机考试测试。

8.3.1 AutoCAD 基本绘图练习(如图 8.5～图 8.16)

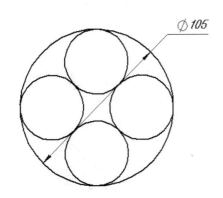

图 8.5 基本绘图 1

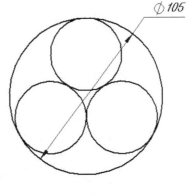

图 8.6 基本绘图 2

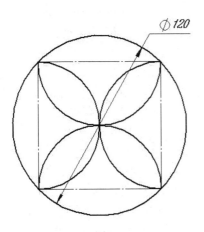

图 8.7 基本绘图 3

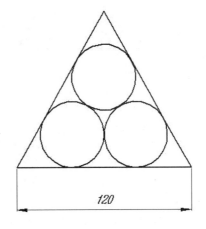

图 8.8 基本绘图 4

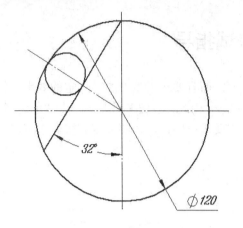

图 8.9 基本绘图 5

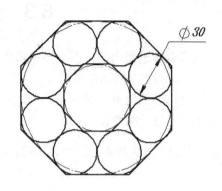

图 8.10 基本绘图 6

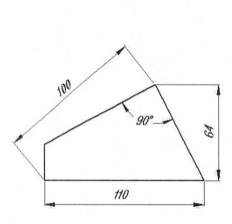

图 8.11 基本绘图 7

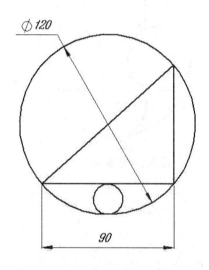

图 8.12 基本绘图 8

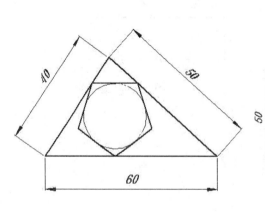

图 8.13 基本绘图 9

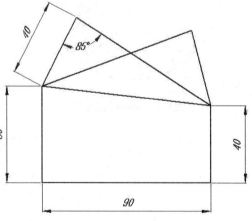

图 8.14 基本绘图 10

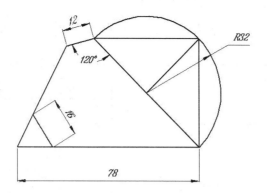

图 8.15　基本绘图 11

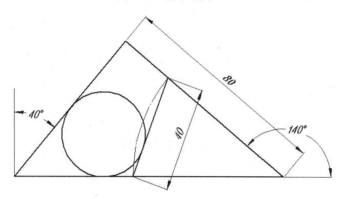

图 8.16　基本绘图 12

8.3.2　机械绘图基础练习(如图 8.17～图 8.32)

根据机件立体图，按 1∶1 的比例绘制机件三视图。

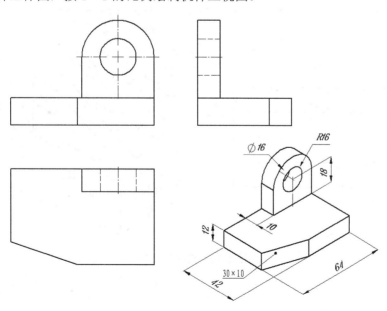

图 8.17　机械绘图 1

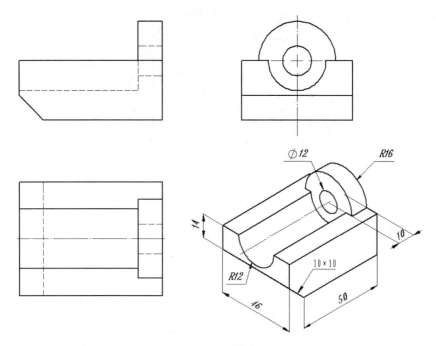

图 8.18　机械绘图 2

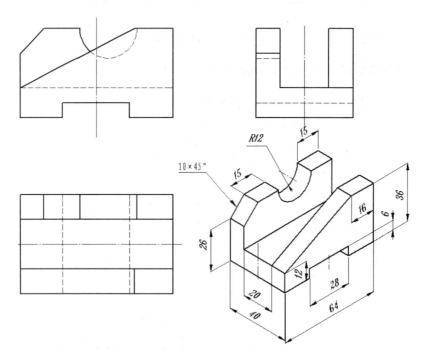

图 8.19　机械绘图 3

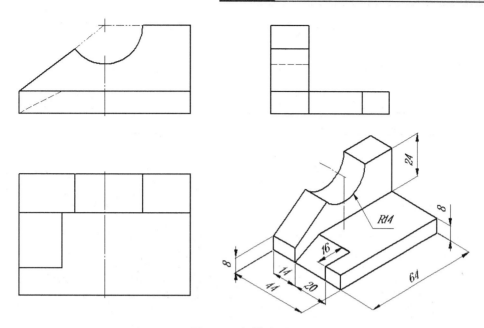

图 8.20 机械绘图 4

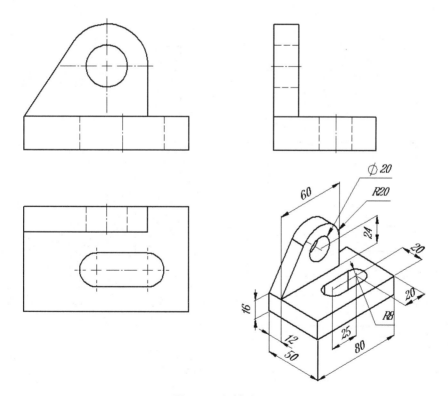

图 8.21 机械绘图 5

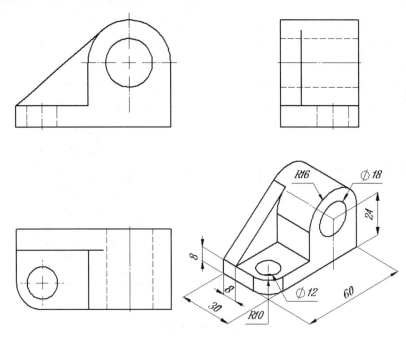

图 8.22　机械绘图 6

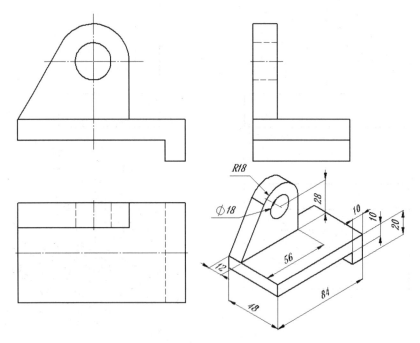

图 8.23　机械绘图 7

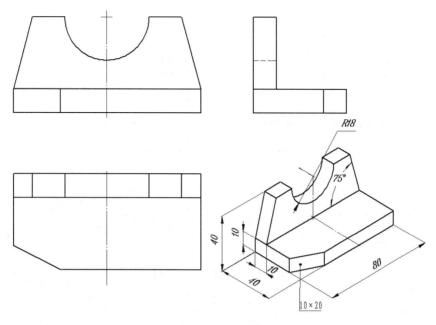

图 8.24　机械绘图 8

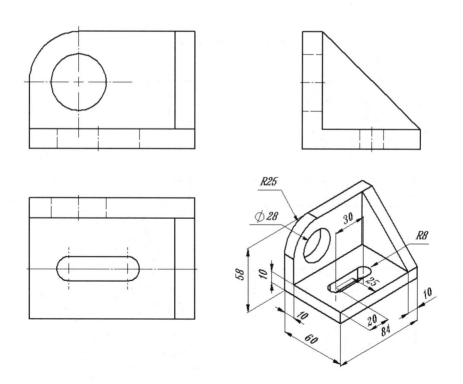

图 8.25　机械绘图 9

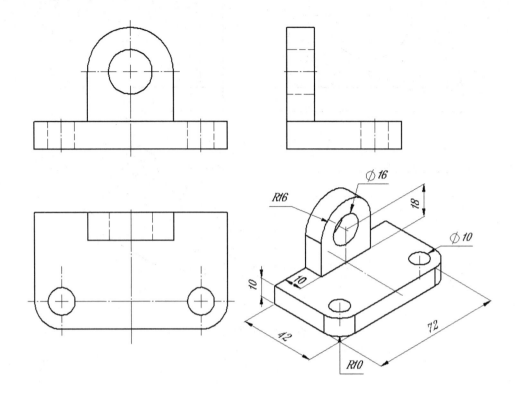

图 8.26　机械绘图 10

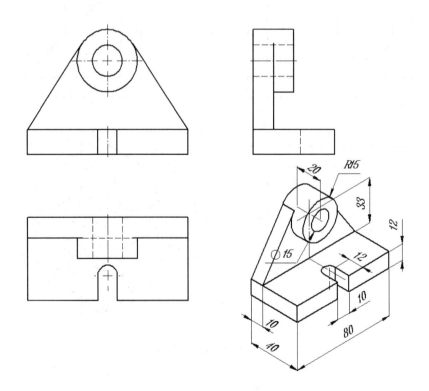

图 8.27　机械绘图 11

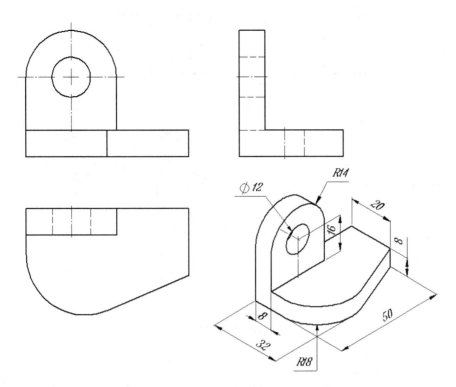

图 8.28　机械绘图 12

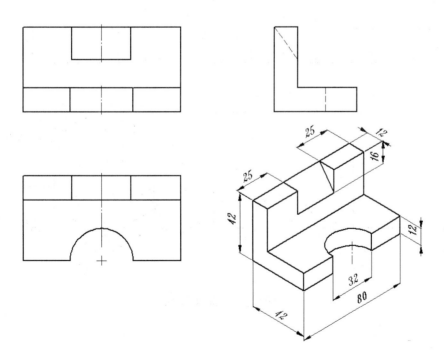

图 8.29　机械绘图 13

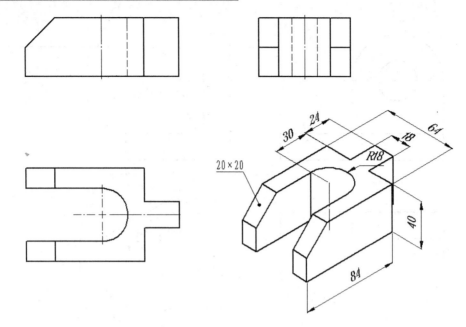

图 8.30 机械绘图 14

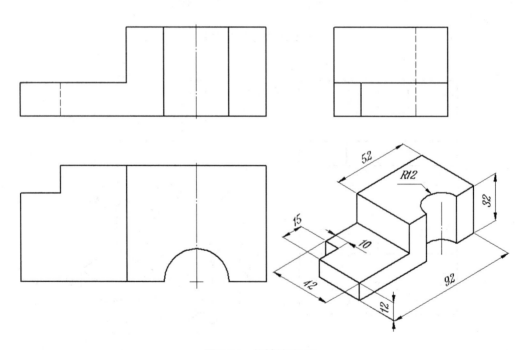

图 8.31 机械绘图 15

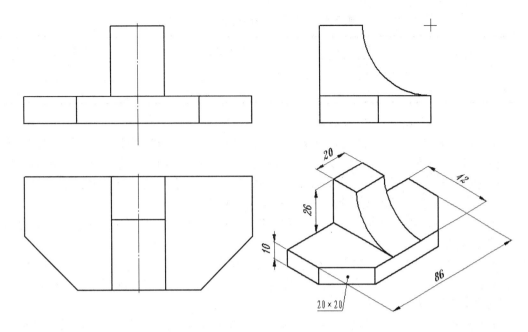

图 8.32　机械绘图 16

8.3.3　综合题

1.　设置绘图界限为 A4、长度单位精度保留 3 位有效数字，角度单位精度保留 1 位有效数字。

2.　按照表 8.9 要求设置图层和线型。

表 8.9　图层和线型的设置

层　名	颜　色	线　型	线　宽	功　能
中心线	红色	Center	0.25	画中心线
虚线	黄色	Hidden	0.25	画虚线
细实线	绿色	Continuous	0.25	画细实线及尺寸、文字
剖面线	蓝色	Continuous	0.25	画剖面线
粗实线	白(黑)色	Continuous	0.50	画轮廓线及边框

3.　设置文字样式如表 8.10 所示。

表 8.10　设置文字样式(使用大字体)

样　式　名	字　体　名	文字宽度系数	文字倾斜角度
数字	Gbeitc.shx	1	0
汉字	Gbenor.shx	1	0

4. 设置文字样式(不使用大字体)如表 8.11 所示。

表 8.11　设置文字样式(不使用大字体)

样 式 名	字 体 名	文字宽度系数	文字倾斜角度
数字	isocp.shx	0.75	15
汉字	仿宋_GB2312	0.75	0

5.　根据图形设置尺寸标注样式。

(1) 机械样式：建立标注的基础样式，其设置为：将【基线间距】内的数值改为7，【超出尺寸线】内的数值改为2.5，【起点偏移量】内的数值改为0，【箭头大小】内的数值改为 3，弧长符号选择【标注文字的上方】，将【文字样式】设置为已经建立的"数字"样式，【文字高度】内的数值改为3.5，其他选用默认选项。

(2) 圆直径，其设置为：建立机械样式的子尺寸，在标注直径时，尺寸数字在圆内的时候，带有全部尺寸线。

(3) 角度，其设置为：建立机械样式的子尺寸，在标注角度时，尺寸数字是水平的。

(4) 非圆直径，其设置为：在机械样式的基础上，建立将在标注任何尺寸时，尺寸数字前都加注符号 ϕ 的父尺寸。

(5) 标注一半尺寸：在机械样式的基础上，建立将在标注任何尺寸时，只是显示一半尺寸线盒尺寸界线的父尺寸，一般用于半剖图形中。

(6) 带引线的标注：在机械样式的基础上，建立将在标注任何尺寸时，尺寸数字是水平的父尺寸。

(7) 2：1 比例标注：在机械样式的基础上，建立将在标注除角度之外其他任何尺寸时，显示的尺寸数字是绘制数据大小一半的父尺寸。

6.　将标题栏(括号内文字为属性)和粗糙度(RA 数值为属性)符号制作成带属性的图块，其样式如图 8.33 所示，其中零件名称、工业和信息化部和 RA 字高为5，其余字高为3.5。

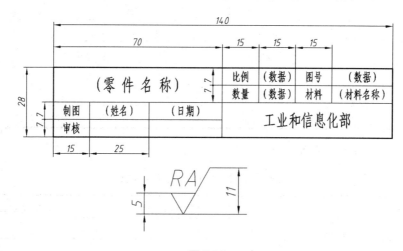

图 8.33

7.　根据以上设置建立一个 A4 样板文件。

8.　利用建立的 A4 样板文件，在模型空间绘制如图 8.34～图 8.41 所示的零件图。

注意：要将制图的位置填写自己的名字。

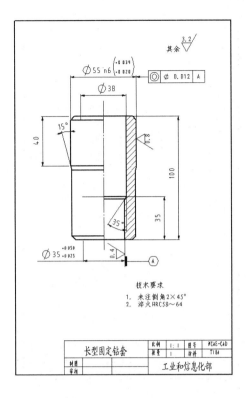

图 8.34　综合绘图 1

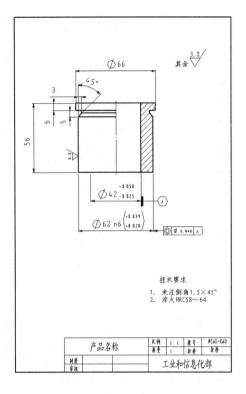

图 8.35　综合绘图 2

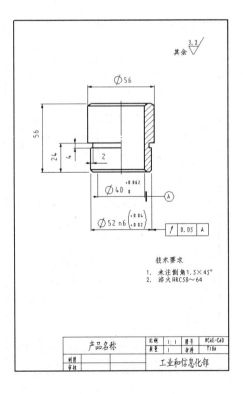

图 8.36　综合绘图 3

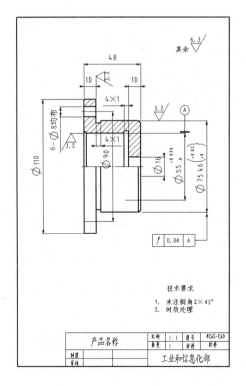

图 8.37　综合绘图 4

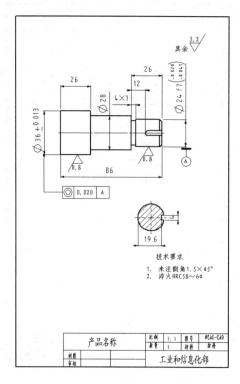

图 8.38　综合绘图 5　　　　图 8.39　综合绘图 6

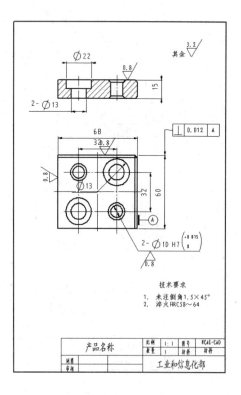

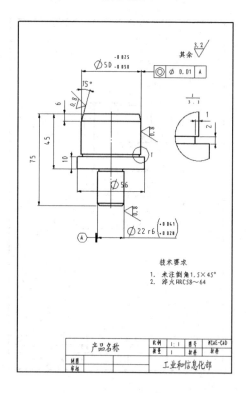

图 8.40　综合绘图 7　　　　图 8.41　综合绘图 8

参 考 文 献

1.　魏峥. AutoCAD 机械制图应用教程与上机指导. 北京：清华大学出版社，2007
2.　李腾训. AutoCAD 2008 工程制图与上机指导. 北京：清华大学出版社，2008
3.　李腾训. 计算机辅助设计——AutoCAD 2009 教程. 北京：清华大学出版社，2009
4.　程俊峰. AutoCAD 2008 中文版机械制图习题精解. 北京：清华大学出版社，2009
5.　李乃文. AutoCAD 2008 中文版机械制图案例教程. 北京：清华大学出版社，2009
6.　王兰美. 机械制图. 北京：高等教育出版社，2008